CCTV 10 科技博览

我的第一套电视科学百科

生命大爆炸

CCTV《科技博览》栏目 著

上海科学技术文献出版社

图书在版编目（CIP）数据

生命大爆炸/CCTV《科技博览》栏目著. --上海:
上海科学技术文献出版社，2011.4
ISBN 978-7-5439-4831-0

Ⅰ.①生… Ⅱ.①中… Ⅲ.①生命科学-普及读物Ⅳ.
①Q1-0

中国版本图书馆CIP数据核字(2011)第034717号

责任编辑：张 树 李 莺
封面设计：钱 祯
资料补充：走 走

生命大爆炸
CCTV《科技博览》栏目 著

出版发行：上海科学技术文献出版社
地 址：上海市长乐路746号
邮政编码：200040
经 销：全国新华书店
印 刷：江苏常熟市人民印刷厂
开 本：740X970 1/16
印 张：12.25
字 数：200 000
版 次：2014 年 4 月第 2 次印刷
书 号：ISBN 978-7-5439-4831-0
定 价：25.00 元
http://www.sstlp.com

目　录

化石成因

这些动物曾生活在距今5.7亿年的寒武纪时期，它们不仅保存了硬壳部分，而且还留下了软组织形态的印痕。这些生物奇妙地成为化石。

化石，是由于地质作用保存在地层中各个地史时期的生物遗体和遗迹的统称。当然，只有那些能够反映一定生物大小、形状、结构和纹饰等特征并足以说明自然界中生物存在情况的遗物，才能被研究人员视为化石。

事实上，在以往漫长的岁月，绝大多数生物死后，软体都被腐烂毁坏，或者成了其他动物的腹中餐，是很难保存下来的。古代生物转化为化石，需要充分的条件。首先，古生物要具备一定的硬体，如骨骼、贝壳、牙齿等，而那些不具备硬体的古生物，在特殊条件下，虽然也可以形成化石，但机会很少。其次，死亡生物的遗体，不易遭受氧化或腐蚀作用，并能够迅速被掩埋。而掩埋后，同样不能受到破坏。比如，地球某一区域发生了强烈的地壳运动，生活在地层表面或水中的生物，突然被掩埋，它就有可能形成化石。火山爆发喷出大量岩浆，冷却后的火山灰四处飘散，把周围地区的生物迅速覆盖，也有可能出现化石。

中国辽西在距今1.4亿～1.1亿年就曾发生较大规模的火山活动，大量的火山灰落入地面或湖泊河流中，于是有不少陆地动物和水生物及原始鸟类被掩埋，从而得以保存下来，成为化石。

化石一般存在于沉积岩中，沉积岩是在地表或靠近地表，由于沉积物的堆积和固化所形成的岩石。而沉积物本身，则是来自于多方面的。如一些碎屑岩石，经风化变成较小的颗粒，再经水、冰及其他外力作用，搬动到异

“

化石

是存留在岩石中的古生物遗体或遗迹，最常见的是骸骨和贝壳等。

研究化石可以了解生物的演化并能帮助确定地层的年代。保存在地壳的岩石中的古动物或古植物的遗体或表明有遗体存在的证据都谓之化石。

处，沉积下来，然后胶结成岩石。粒度细小的沉积物，把生物体覆盖起来，这些生物在地层中与空气隔绝，不再被氧化，而且可以防腐，不受化学破坏，生成化石。在中国云南澄江发现的许多形体稀奇并具有极高研究价值的动物群化石，就属于这一种。

化石，按其保存特点可分为实体、模铸、遗迹和化学化石几大类。实体化石，是由生物遗体的全部或一部分而形成的化石，如我们常见的恐龙等。其他类型的化石，我们只能看到一些石生物在其生命活动中留下的印痕，或者是在沉积物中保存下来的一些化学物质。

地球上许多生物，其中包括动物、植物，还有微生物，如大到恐龙，小到藻类，以及树木、叶片、花朵、鱼类、爬行动物，飞鸟等，它们都有可能成为化石。化石不管是以哪种形式存在，都是掩埋的生物经过漫长的石化过程，而转化为化石的。绝大多数生物遗体，都要经过由生物到岩石的变化过程，才能形成化石。在这个过程中，被掩埋的生物本身所包含的有机物慢慢丧失，而硬体部分如骨骼等，开始疏松，留下许多孔隙。这些孔隙，又很快被水中的矿物质填充。一方面，硬体重量增加，硬体构造得以保存下来；另一方面，完成石化，形成化石。

不过，石化还有其他方式，如置换作用。这种作用具体地说就是被掩埋的生物中原有的物质成分一部分被水溶解，一部分以新的硬物填充，如果溶解与填充的速度相等，也可实现其石化。

生物石化的前提是被掩埋，而掩埋后，可能要受到水流搬运冲击、风沙泥土磨蚀，再加上其他方式的破坏，以及受地质环境条件限制等，因此众多的古生物中真正能够完成石化成为化石的，却是寥寥无几。

有人估计，古代生物1万个个体，可能只有一个个体被保存为化石。现代生物大约有450万种，而化石只发现了13万种，仅占全部种类的8.7%。

我们人类居住的地球已经46亿岁了。它从荒芜空寂到生机勃勃，经历了漫长的演化过程。化石，是地球生命演变的忠实记录者，向人们讲述着生物从低级到高级、由简单到复杂、从海洋到陆地，不断进化的自然规律。科学家研究地球生态气候变化及物种起源演变的重要依据就是化石。

近一个时期，包括中国在内，世界上有不少国家对古生物的研究不断有重大进展和突破。由于辽西古生物化石群的发现，使科学家进一步认识了鸟类是如何从陆地爬行动物，慢慢进化长出两翼而飞向天空的。

在中国云南澄江所挖掘的生物群化石，是目前世界上发现的最古老、保存最完整的软体动物遗迹，其中包括四十多个门类八十多种动物。科学家经对比、研究认为，在距今5.3亿年寒武纪早期，地球生命存在形式突然出现了飞跃，因此就引出了“寒武纪生命大爆发”之说。同时澄江动物化石群还被国际学术界列为“20世纪重大发现之一”。

一块化石，它可能代表的就是一种生物类型，有些生物已先后灭绝，退出了历史舞台，如恐龙等。这说明了一个道理，那就是适者生存。

化石为科学的进化论提供了依据，使有关研究的假说成为学说。化石还是划分地质年代的证物，并且对认识古沉积环境具有很高的价值，有些化石本身就是一种能源矿产，如我们常见的煤、石油等，它们可能是由动物、植物转化而成的化学化石。

我们已经说过，化石的成因有两个前提条件：一是生物被掩埋，二是要进行石化，这看起来简单，但人类目前还不能做到把各种生物转化为化石。这是因为自然的作用是错综复杂的，而且还要经历一个十分漫长的过程。各地所发现的每一块化石，都包含了一种奥秘，有待我们去研究去认识。

认识大西北

——秦岭的崛起

秦岭

横贯中国中部的东西走向山脉。西起甘肃南部，经陕西南部到河南西部，主体位于陕西省南部与四川省北部交界处，呈东西走向，长约1 500千米。为黄河支流渭河与长江支流嘉陵江、汉水的分水岭。秦岭—淮河是中国地理上最重要的南北分界线。秦岭还被尊为华夏文明的龙脉。

说起大西北，不能不提到秦岭。它东西横贯在中国大陆的中部，东连大别山，西接昆仑山、祁连山，绵延千余千米，是我国南北地质、地理、生态、环境、气候乃至人文的天然分界线，同时也是我国主要的资源和能源基地。要想知道大西北到底有些什么家底，就得首先翻开崛起的历史画卷来看一看。

在我们中国大陆上，最老的岩石已经有33亿年的历史了。在那个时候，并没有统一的大陆板块。我国的华北板块是在距今30亿～16亿年的漫长时间里才渐渐形成的，而且在它的周围还没有规模与之相当的板块和它相互作用。到了16亿年前，华北板块的边缘开始有了造山运动的迹象。在距今8亿年的时候，一些中小型的板块一头撞在华北板块的边沿，使华北板块的边上有了一些小的隆起。

在距今7亿年左右，秦岭造山运动的另一个主角扬子板块终于浮出了海面，它与华北板块起先有一段距离，中间是浩瀚的大海。在秦岭里发现的绿色的石头就是当时海底的岩石演变而来的。华北板块和扬子板块先是越离越远，后来在地球内部动力的作用下又越来越近，直到距今4.5亿年前后，一场真正的较量开始了。经过激烈的碰撞，扬子板块被华北板块压在了下面，扬子板块向下俯冲，把华北板块的边缘拱了起来，大地的隆起使海洋消失了，两大板块完全拼接在一起形成了中国大陆，在板块的拼接处形成的山脉就是最初的秦岭。大西北的家底就是在这个时候打下的基础。一系列的碰撞使地层中原已形成的资源有了一个聚集的趋势。同时，激烈的碰撞使火山运动非常频繁，各种金属矿藏在这些天然的大熔炉里产生了。在现在的秦岭地区，沿着山脉可以找到金、银、铜、钼、铅、锌等大量的金属矿藏。其中，钼矿的储量在世界上都是罕见的，金矿的产量使秦岭成为我国重要的产金基地。同时，四川盆地里的天然气，山西、陕西的煤，塔里木盆地里的石油，多多少少都与秦岭有着一定的关系。

如果说秦岭只是华北板块和扬子板块的作用造成的，这并不全面。因为在距今1亿年的时候，印度与欧亚板块相撞，使喜马拉雅山迅速崛起，它的造山运动从1亿年前就开始影响到秦岭了。伴随着大量花岗岩浆活动，秦岭加速抬升。著名的华山就是这个时候拔地而起的。秦岭的内部发生了剧烈的变化，直到今天我们还能看到那一场大变动的遗迹。秦岭的西段与昆仑山脉连了起来，形成了一条线，这就是我们大西北的南界。可以说秦岭崛起了，大西北也就随之诞生了。

秦岭划分了中国的南北，同时也把中国大陆里的资源进行了一次分配。这就给中国的大西北打下了一个物质基础。大自然用了几十亿年才给我们积累了大量的财富，我们要利用它，也应该珍惜它。

认识西部
——从黄河看西北

黄河

全长5 600千米，流域面积752 443 平方千米，是中国境内仅次于长江的河流，它发源于青海省巴颜喀拉山，成“几”字形流经青海、四川、甘肃、宁夏、内蒙古、陕西、山西、河南及山东等（9个省）。由于河流中段流经中国黄土高原地区，因此夹带了大量的泥沙，所以它也被称为世界上含沙量最多的河流。但是在中国历史上，黄河为沿河流域的人类文明带来了很大的影响，是中华民族最主要的发祥地之一，所以中国人一般称其为“母亲河”。

300万年前，我国的青藏地区刚能称得上是高原，随着青藏高原的升起，中国渐渐形成了现在的青藏高原、黄土高原、华北平原这种台阶似的地貌。水往低处流，高原上的水在流动中汇集在一起。到了距今160万年前，黄河终于诞生并流到了黄土高原。河水冲刷着黄土，把黄土高原雕刻成沟壑纵横的样子。在这些冲沟里，黄土下面的沃土露了出来，于是植物大量地生长，动物也渐渐地多起来。在距今115万年前，中国蓝田人开始在这里生存繁衍。从那时起，人与河之间的微妙关系就建立起来了。

中国的古大陆最初是东高西低，河水从东向西流。随着青藏高原的迅速抬升，中国的地势发生了巨大的变化，变成了西高东低。黄河最初只是一条内陆河，直到距今120万年的时候它才东流入海。河流的这种发展变化都是它适应大自然的力量的结果。但是自从有了人的干预，黄河就开始在夹缝中求生存了。历史上黄河的河道经历了数次的变迁，以至于黄河的脚印不是一条线，而是左右摆动形成了一个面。随着人的力量日趋强大，人们逐渐开始对黄河加以控制。黄河挣扎着想有一个变化，而人怕的就是黄河的变化。于是修堤筑坝，这种自然力与人力的抗争已经使现在黄河的部分河段成了地上河。西北地区的水土流失比较严重。这条地上悬河的河底也就越垫越高，危机离我们越来越近。治理水土流失成为大西北的当务之急。

和人一样，每条河都要有青年期、壮年期和老年期。近几年黄河的下游地区经常发生断流。那么，黄河究竟到没到枯水的年龄，这是自然规律还是人为造成的呢？在黄河的中上游，由于高度的变化比较大，所以黄河水的流速比较快。河水冲刷着河床使河床越来越低，河面也就不断下降，河岸上黄土继续堆积，年复一年，黄河岸边堆积了不同年代的黄土。根据对这些黄土古地磁年龄的测定，不但可以知道黄河的年龄，还可以掌握黄河下切速度的变化和黄土高原抬升的频率，通过这些研究，学者们才发现黄河还是一条壮年的河流，远远没有到断流的时候。

黄河的中上游地区，常年处于寒冷干旱的气候环境，人为了生存，大量地引用黄河水来滋润干旱的土地，但是由于特殊的地理条件和土质的原因，获得的产量和质量并不高。这时候就产生了一个矛盾，中上游大量用水，下游的万顷良田没水灌溉，就要减产，人们就要饿肚子。而中上游用水不达到一定量，也要减产，当地的人们也要饿肚子。人命关天，必须找到解决问题的关键，那就是合理地调整农业结构。西北地区不是不能种田，而是如何科学地种田。在适合耕作的地区，合理开发水资源，不浪费每一滴水。在相对贫瘠的地区多种树，不浪费一寸土地，减少水土流失，这样黄河下游地区才能有足够的水，产更多的粮食。

认识西部
——腾冲火山与地热

腾冲

古称腾越，位于云南省西部。西北与缅甸为邻，有两千四百多年历史，国境线长达151千米。是古代西南丝绸之路的要隘，被誉为“极边第一城”，素有“侨乡”之称。腾冲是中国著名的地热风景区，全区目前发现有64个地热活动区，温泉群达八十余处。

地处祖国西南边疆的云南省腾冲县，是中国大陆上新生代火山活动的主要地区之一，在全县五千八百多平方千米的土地上，处处留下了火山活动的遗迹，97座火山由南向北有序排列，形成规模浩大、奇特壮观的火山群。

腾冲为什么会有这么多火山呢？地质学家们认为，腾冲位于印度板块与欧亚板块撞碰的东侧，是欧亚板块仰冲台上的拉张部位。在中生代时期，因海底扩张地幔向东、向北漂移，欧亚板块和印度板块发生剧烈撞碰，致使腾冲地区处于强烈地被挤压、平扭、拉张之中，向下俯冲的印度板块，因温度升高而发生熔融，并与地幔内的强大热能、化学能形成岩浆，然后沿断裂、裂缝喷出地面，形成火山。

腾冲火山按其喷出顺序和相对年代可分为四期：上新式火山、早更新式火山、中更新式火山、晚更新式至全新式火山，形成时间距今383万年至7 000年间，火山喷出熔岩覆盖面积达一千多平方千米。上新世喷发的火山和早更新世喷发的火山年代久远，已经看不清火山锥了，只看见一些高大的山体。而中更新式和晚更新式至全新喷发的火山，火山口多截头圆锥式火山锥。“好个滕月州，石生久无头”，这些无头的山就是指远古的火山活动留下的遗迹。

大阴山是其中最年轻的一座，在腾冲县城人们就能看到它巍峨的英姿。三百多年前，我国明代地理学家徐霞客在他的游记中对大阴山火山作过精彩的描述，在腾冲火山群中，坑口保存完好的有23座。它们像一口口大锅支起在腾冲大地上，蔚为壮观，火山口遍地洒落着大小不一的火山石。“山顶之石，色赫赤而质轻浮，状如蜂房，为浮沫结成者，虽大而合抱，而两指可携……”这是徐霞客笔下对火山浮石逼真的记载。

有一种被红色外壳包裹的石头叫做火山蛋，内部却是质密的玄武岩，火山喷发时流出了大量的岩浆，由于成分不同，在冷却过程中受内外条件的制约，形成不同的构造形态，这种柱状节里玄武岩，在腾冲龙川江两岸随处可见，在火山熔岩地区，有一种溶洞被地质学家称为通往地心之门。它是火山喷发时大量的二氧化碳、一氧化碳、硫化氢及其他气体，随着熔岩一起流动，并填充其中，熔岩冷却后气体沿裂缝溢出后遗留下来的。它是火山岩中罕见的地下景观，对科学考察有独特的价值。

中国大陆罕见荷花大片聚泉，涌水量每秒高达4 ~ 5m^3，四季如一，常年不变。火山爆发时，流出大量的岩浆阻塞峡谷，形成众多的堰塞湖，久而久之，演化出大面积保护湿地。腾冲北海湿地是云南唯一的国家级保护湿地，这里生长着多种鱼类和珍稀鸟类。

腾冲不仅是中国大陆著名的火山之乡，也是中国三大地热区之一。地热与火山相伴而生，数以万计的泉点、喷气孔处处喷出，甚为壮观。

腾冲是我国三大地热区之一，这种从地下涌出的热水、热气统称地热，多数人习惯地称做温泉。在腾冲五千八百多平方千米的土地上有温泉近百处，是名副其实的地热之乡。

几百万年前，剧烈的地壳构造运动使腾冲多次发生火山爆发。直到今天，这里的地下岩浆活动一直没有停止过。巨大的热能从各种途径传到地表释放出来，腾冲的个别地区可能还存在着没有完全冷凝的岩浆。它们不断向地表放出热量，形成了著名的腾冲热海地热底。腾冲的温泉温度高，涌水量大多数都在90℃以上，有的甚至超过当地的沸点，据测算，腾冲境内的地热每天有1 600吨热泉涌出地面，热能相当于27万吨标准煤燃烧释放的热量。腾冲地热活动比较频繁活跃，被人们称为热海的科考区，随处热气缭绕，宛如人间仙境。

有的泉会走路，今天还在这里沸沸喷涌，明天却不知哪里去了。有的温泉会变身，喷涌若干年后，岁月就在它的身上披上了一件特殊的外衣，这就是泉种，它们有的像狮子、有的像金鸡、有的像蘑菇，千奇百怪。热水流到地面冷却了，里面含有的矿物质沉淀了下来，再加上释放微生物逐年的堆积，形成了多姿多彩的泉华。泉华断面上的纹路，同古树断面上的年轮一样，忠实地记录了热海漫长的历史，包含有大量的信息。还有水热爆炸，它是由于地下高热水汽通行缝隙变化，热水汽就在某地方聚集，能量达到临界点时，就会冲开地表，爆发性喷出，形成奇特的地理奇观。在热海中的著名景色——蛤蟆嘴，温度高达95℃，蛤蟆嘴属于间歇式喷泉，每次喷水都要间歇1 ~ 3秒，水柱可达数米之外。热海中最为壮观的景点当数被人们称为大滚锅的温泉，以像一口沸腾烧开的大滚锅而得名。千百年来，它日月翻滚、永不止息，当年徐霞客在游记中描写大滚锅的动态神韵为："郁然勃勃，如浓烟卷雾……"大滚锅的表面水温为96.6℃，锅底的温度高达102℃。不需柴草，不需燃烧，天生地热好烹调，在热海到处可以蒸饭、煮鸡蛋。

据科考部门化验研究，腾冲热海的地热、蒸汽泉还有多种对人体有益的矿物质和微量元素，对风湿性关节炎、慢性腰腿痛、高血压、末梢神经等疾病有神奇的疗效。据腾冲县当时记载，当地群众利用地热蒸汽治疗疾病，已有两百多年的历史，这种先蒸后洗桑拿浴式的地热蒸疗，为许多患者解除了病痛。

腾冲的地热和热海奇观已引起联合国及国内外专家学者的重视，从20世纪60年代起，他们纷纷前来进行考察。腾冲地热具有很高的利用价值及良好的开发前景。

中国地壳运动观测网络

中国是一个多地震国家，20世纪以来，中国大陆发生7级以上地震次数约占全球大陆地震的1/3，死亡人数占全球死亡人数的50%。目前又正值第五个地震活跃期，减轻地震灾害损失是刻不容缓的。

地震是地壳运动的一种特殊形式，地壳又是地震的母体。要想了解和掌握地壳运动的规律，就要尽量收集到更多的来自地壳深处的信息。目前，我国的地震监测台网主要是观测单点的相对变化，相互之间缺少相关性。因此，建立一个具有绝对量而又有相对关系的观测量，对判别地震前兆极为重要。

中国地壳运动观测网络就是利用空间高新技术对地壳进行观测的新的技术手段。

网络以全球定位系统（GPS）观测技术为主，辅之已有的人卫测距（SLR）和甚长基线干涉测量（VLBI），结合精密重力和精密水准构成大范围、高精度、高时空分辨率的地壳运动观测网络。

GPS是接收GPS卫星发布的电磁波信号，记录电磁波传播的时间，已知波速，就可求得卫星至地面站的距离。由于卫星轨道的坐标是已知的，则在地面同时观测三颗卫星就可以求得地面站的空间坐标。此外，由于还要计算一个钟差未知数，所以必须至少同时观测四颗卫星。

人卫测距（SLR）是在地面站发出一束激光，打在有反光镜的卫星上，记录激光打出和回收的时间。知道了光速，则可求得距离，同样可计算站点的坐标。目前24颗GPS卫星中有三颗装有反光镜。甚长基线干涉测量（VLBI）测定进入两台天线的银河系以外的射电源电波的

“

中国地壳运动观测网络是原国家科技领导小组第二次会议通过的“九五”国家重大科学工程建设项目，是党中央和国务院实施科教兴国战略，为减轻地震灾害损失，整合国家已有资源而建设的国家级科学研究重大基础设施。国家1998年批准该项目可行性研究报告并开工建设，是“九五”期间第一项投入运行的国家重大科学工程。其建设速度之快和质量之优秀令世人瞩目。中国地壳运动观测网络与美国GPS观测网、日本GPS观测网在世界形成三足鼎立之势。

时间差。用这三种不同原理方法求解同一结果，构成了大范围、高精度、高时空分辨的地壳运动观测网络。

中国地壳运动观测网络是一个综合性、多用途、开放型、数据资源共享，连续动态的观测网络。

该网络以监测地壳运动服务于地震预测为主要目标，同时兼顾大地测量和国防建设的需要，并可服务于广域差分GPS，气象、电离层的监测和研究等领域。

网络由基准网、基本网、区域网和数据传输与分析四大部分组成。基准网的主要功能是监测中国大陆主要块体随时间变化，基本网主要监测块体本身及块体间的地壳变化，区域网主要监测主要断裂带和地震带的活动状况。

在国家防震减灾数据中心，每天不间断地进行数据传播与分析处理，数据中心能快速获取地壳运动信息，进行数据通讯管理、预处理和分析处理，以保证网络的正常运转。

由于GPS网是在全球框架下运行的，这对研究全球地震活动、全球环境变化等极为重要。尤其是地震科学，中国具有全球最丰富的地震现场，特别是中国西部和青藏高原具有世界最前沿的研究课题。所以，美国（JPL）空间推动实验室中的国际GPS服务局（IGS）主动提出在中国建立一个相当于数据处理的分中心，成立独立的研究项目。此外，日本、荷兰、挪威以及欧洲欧空局纷纷要求加强双边国际合作，网络工程已成为向世界友人展示建设成就和双边、多边合作的基地。

中国地壳运动观测网络的建设，使我国利用空间技术建立现代化地壳运动观测网络的科技水平进入国际先进行列，成为我国地球科学基础研究的特大型实验基地和多功能数据中心。

恐龙与化石

在云南省禄丰县的穿街乡，有一处前几年才发现的恐龙化石点。在200平方米的范围内，发现了8具不同时期的恐龙化石，其中最早的化石离现在有1.6亿年。在附近的1万平方米内，可能埋藏着三百多具恐龙化石，是举世罕见的恐龙化石密集地区。

恐龙属于爬行动物，生活在5 600万年以前的中生代。恐龙家族繁衍的时间长达1.5亿年。对于这个遥远时代地球上的居民，人类是通过恐龙化石的研究来认识它的真面目的。科学家把恐龙骨骼化石一块一块地连接起来，复原出恐龙的原型。又根据骨骼结构分析它们的生活习性和种属特征，给出不同的命名。有趣的是从已发现的六百多种恐龙化石来看，它们的个体差异很大，最大的身长四十多米，最重的体重有一百三十多吨，而最小的却只有一只小鸡那么大。大多数恐龙长着长长的脖子和长长的尾巴。粗壮的后腿支撑着沉重的身体，还能直立奔跑。多数恐龙是吃苏铁等裸子类植物的素食者，食肉性的动物的种类较少，它们的进化和灭绝都比较晚，恐龙灭绝的原因一直是个谜，对此科学家们提出了种种假说。在恐龙生活的中生代地球上的陆地几乎都连在一块，位于赤道附近。陆地上气候潮湿，生长着茂密的原始植物，恐龙和那个环境十分和谐，形形色色的恐龙遍布整个大陆。由于地球内部的运动，古大陆分裂成许多的板块，向南北两个方向漂移，陆地上的气候逐渐变冷。生态环境发生了变化，恐龙不能适应这个变化了的世界，逐渐走向衰亡。又有人说，当时地球受到超新星爆炸辐射的影响，危害到生物发育与生存，强大的辐射损害了恐龙的

恐龙化石

恐龙死后，身体中的软组织因腐烂而消失，骨骼（包括牙齿）等硬体组织沉积在泥沙中，处于隔绝氧气的环境下。经过几千万年甚至上亿年的沉积作用，骨骼完全石化而得以保存。此外，恐龙生活时的遗迹，如脚印等有时也可以石化成化石保存下来。

生殖能力，导致恐龙走向灭绝。科学家们还发现，距今6 500万年前地球遭遇过几次小行星的撞击，使地球产生剧烈的震动，不断发生火山爆发。火山灰和有毒气体笼罩地球长达好几年，恐龙失去了赖以生存的条件，终于从地球上灭绝了。

恐龙的身体被深埋在火山灰和淤泥之下，经过几千万年的时间变成了化石。中国是发现恐龙较多的国家之一，绝大多数省区都有恐龙化石的分布点，其中以四川的自贡地区、新疆的准噶尔和云南的禄丰地区最为集中。四川的马门西龙长达27米，是亚洲最长的恐龙。河南南阳出土上万枚恐龙蛋，也是举世罕见的。如果云南禄丰穿街乡的恐龙化石全部发掘的话，将成为世界上恐龙化石最密集、种属最多的采掘点，可以称为名副其实的侏罗纪公园。

柴达木盆地及矿产成因

如果我们从察尔汗湖取出一杯水拿到化验室进行分析,结果可以发现它几乎就是一杯液体的矿物质,其中主要成分是盐类,其次还大量存在钾、锂、硼、碘、镁等。

察尔汗湖,只是柴达木盆地的一个组成部分。除此之外,这里还有大大小小几十个咸水湖。据不完全统计,整个柴达木盆地盐类总储量达数百亿吨,而其中的钠盐可供全世界几十亿人口食用上千年。

柴达木盆地储有盐类及大量的石油天然气、铅、锌,众多的贵重金属等。它之所以聚集了如此丰富的矿产资源,实际上与盆地的特殊构造及成因有关。

柴达木盆地的形成,经历了一个相当漫长的演变过程。

柴达木盆地,位于青藏高原的北部边缘,夹在祁连山、阿尔金山和东昆仑山之间,呈西宽东窄的不规则菱形状,面积约24万平方千米,海拔一般在2 700米~3 000米。地貌除了有湖泊之外,更多的是风蚀丘陵及戈壁沙漠平原。

十几亿年前,柴达木盆地与华北地质单元是一个整体,在5.6亿年前的早古生代初期,板块发生裂解,柴达木盆地分离出来,这时的柴达木盆地为浅海环境。

在距今4亿年前的早古生代末期,由于板块的俯冲及碰撞作用,柴达木盆地南北两侧的海槽开始封闭,从而引起强裂构造运动,使柴达木盆地处于隆升状态。从3.2亿年的石炭纪到2.2亿年三叠纪,柴达木盆地继续由海洋向陆地过渡,并且有少量的火山喷发。在2亿年前,由于板块运动的进一步作用,海水逐渐从盆地退去,从而上升为陆地。

从2 000万~1 500万年前的晚第三纪开始,随着印度板块与亚洲大陆的碰撞作用加剧,青藏高原快速隆升。这时,柴达木盆地已完全与西侧的古地中海隔开,成为典型的内陆盆地,同时与周缘山系的高度差也在增加。这样高山屏障就挡住了来自印度洋、太平洋、地中海的季风,使柴达木盆地的气候变得异常干燥,其生态环境也由湿热的森林草原型转变成草原荒漠型。

总之,在几亿年间,柴达木盆地由陆地变为海洋,又由海洋变为了陆地。在其漫长的海陆变迁过程中,由于各方面的地质作用,为各种矿产资源的形成创造了良好的条件。

海陆变迁,把大量的海洋生物掩埋在地下,可能转化为了我们今天所看到的石油及天然气。柴达木盆地已探明油气田20余个,石油地质储量2亿多吨,天然气1 500多亿立方米。

地壳运动,造就了铅、锌等储量可观的矿藏。火山喷发,岩石风化,又经过长时期的水流冲击,把大量盐类物质,其中还有众多的金属,汇聚在一起。而水分在干燥气候条件下蒸发,最后就形成了盐湖及盐类矿床。柴达木盆地石盐储量640亿吨,镁盐48亿吨,钾盐4.4亿吨,是地球上陆地盐类蕴藏量最大的地区之一。

柴达木盆地,是一个巨大的宝库,有待我们进一步去认识去开发。

世界地质公园
——黄山

中国黄山，天下名山。2004年，在国际地质科学联合会上，黄山又成为首批世界地质公园。至此，黄山成了我国拥有世界自然遗产、世界文化遗产和世界地质公园三项“桂冠”的唯一自然奇观。

黄山

是我国十大风景名胜之一，黄山全山面积1 200平方千米，其中154平方千米为黄山风景区。黄山无山不峰，这里千峰称奇，各有特色。历史上先后命名的有三十六大峰，三十六小峰。高耸的莲花峰、平旷的光明顶、险峻的天都峰、秀丽的始信峰，是黄山奇峰的杰出代表。以天都峰、莲花峰、光明顶三大主峰（海拔均超过1 800米）为中心，最高峰为莲花峰，海拔1 864米，为华东地区第三高峰。

科学之旅

徐霞客堪称我国科学旅游的鼻祖，他两度游览黄山之后赞叹道：登黄山天下无山，观止矣！

黄山具有丰富的地质遗产和科学价值，千万年来，以无声的语言述说着远古地球以及生命的秘密。

黄山有多大年纪了？科学家用放射性同位素方法测定出黄山花岗岩的年龄是1.43亿岁，但它却是一座年轻的山。在2亿年前，这里曾经是一片远古海洋。后来，地下岩浆涌动上升，侵入距地表几千米的古老岩层中，经冷却，凝固成原始的黄山胚胎——一座远古时期的“地下黄山”。

又过了八千多万年，受喜马拉雅造山运动的影响，地下黄山冲破覆盖在头顶的古老岩层，露出地表，翘首云天，形成了奇、伟、险、幻的花岗岩群峰。之后，又经历了几千万年的风化剥蚀，最终形成了方圆八百里巍巍黄山。

走上黄山世界地质公园的科学之旅，一路上会发现什么？沿着新推出的三条科普、科考旅游线路，游人可以全面考察黄山地区花岗岩体及地层特征，包括岩浆四次侵入形成的花岗岩体的形态结构，还有12亿～4亿年前的地层，以及2 000万年来的地层沉积；欣赏地层褶皱、山体断裂以及岩石裂隙形成的地貌奇观；也可以专题考察花岗岩与玄武岩、沉积岩等岩石的接触关系；还可以沿着第四纪冰川遗迹线路考察冰川擦痕及大小飘砾，并观赏温泉、溪潭、瀑布等灵动活泼的水体世界。

黄山，有着珍奇秀丽、丰富独特的地质景观。在这片连绵不绝的峰海里，苍松是它常绿的生命，奇石是它无语的精灵，云海是它美丽缥缈的面纱，飞瀑是它旷世无双的绝唱。而这美好的一切，都以超凡脱俗的群峰为依托。

自然之美往往蕴含着内在的生命及其活泼的生机。黄山孕育万物也滋养万物，它就是一座天然的动植物乐园。黄山有植物一千五百多种，植被覆盖率达92%，黄山松、黄山杜鹃、红豆杉等名花古木种类繁多，八音鸟、黄山短尾猴等珍禽异兽游走其间，悠然自得。

作为世界地质公园，必须将自然之美与人文内涵相融合。从唐朝开发黄山以来，黄山奇特的自然景观已成为人文思想的一个不竭源泉，不论是科学家，哲学家，还是文学家、艺术家，在此都能找到灵感。

居住在凡尘闹市久了，人们不禁对高山大海悠然向往；在赞叹大自然鬼斧神工之余，人们也希望探究自然造化不为人知的成因。黄山的科学之旅，将引导游人以科学的眼光去解读大自然的万千奥秘，体悟人与自然更深层次的交流。

妙在非海，但又似海。山为岛屿，云为海洋。传说中，这是神仙居住的地方，也是轩辕黄帝炼丹上天的所在。有人称之为魔幻之山，有人则称之为仙境。究竟是谁在此呼吸宇宙，吐纳烟云？

仙境魔术师

雄奇险俊的黄山常常遮掩着柔情款款的面纱，每年有256天云雾。浓雾使黄山成为“瞬息万变万万变，忽隐忽现或浓或淡，胜似梦境之迷离的美妙诗篇”。

云雾堪称黄山的神来之笔，这神来之笔是如何写就的呢？你不可轻视每个细小的叶片，以及泥土下每个毛茸茸的根须，是它们呼吸与共，才汇聚成黄山92%的植被覆盖率，让风中翻滚着一片绿色的生命之海。

地面下无人喝彩的根不停歇地吸吮着石缝中细如游丝的水分，毫不起眼的叶片张开浑身的毛孔，将水分不间断地蒸腾到天空。有人计算过，一片枯叶，在成长过程中，曾经蒸腾出它自身三四百倍重的水分。强大的蒸腾作用使植物就好像隐形抽水机一样，将水从地下抽出，再喷向空中，使黄山林间湿雾弥漫，清晨和傍晚的湿度达到90%以上。

如果说这神来之笔是饱蘸水气之墨，那么自由鼓荡的风就是画师笔走龙蛇般的运笔挥洒了。

黄山起伏跌宕、林莽高低错落。空气流动过来时，受到起伏不平的山峰和树冠的阻碍，就会被迫上升。但“高处不胜寒”，湿空气越往上升就越变冷，水气就在迎风山坡聚集，凝结成细小的水滴。小水滴随着气流的升降，忽浮忽沉，悬在低处成雾，升到高空为云，远山也就奇迹般地在视野中消失了。

雨水是云雾的姐妹，它们为黄山平添了浓浓诗意与淡淡忧愁。山中似乎住着一个多愁善感的仙子，动辄泪雨绵绵。而黄山就像一道屏障，成为晴雨的分界线。山里每年有一半时间在下雨，雨量比山外多1/3以上。东南海洋上的湿润空气源源不断地涌来，加上山中植物蒸腾出的大量湿气，沿着山坡上升、降温后成云致雨。雨水降临，汇入溪流，并在山体落差大的地方挂上瀑布。秋水文章不染尘，此时的黄山，一个何等美妙的水世界。在大自然的鼓乐声中，雨中凝结的一抹愁怨霎时不见。

似梦幻却是真实，如仙境却在人间。黄山最令人心醉和神往的，当属云海。如果守着黄山，一年会有52天漫步云端，这种奇景在冬季最常出现。和云雾形成条件类似，形成云海同样离不开空气够湿、山够高和环境温度足够低这三个条件，而且要求得更为苛刻。云海由密度极高的层积云构成，它的凝结高度最低也得在800 ~ 1 000米。黄山千米以上的山峰有77座，具备云涌成海的条件。

黄山没有神仙，是生生不息的绿色生命。在高山的护佑下，化身为高超的魔术师，把黄山变成“人间仙境”。

雕塑大师

巍巍黄山是天地间鬼斧神工的杰作，但你可知道究竟是哪位大师开凿？第一斧何时落下？又落在何处？

浓雾迷濛、云海浩荡，人们一旦沉醉在黄山的梦幻里，便久久不愿醒来。但当万道阳光划破天宇，揭开迷雾的面纱，我们再次惊叹：是谁将黄山雕刻得如此险绝俊俏？

第一位大师，名叫岩浆。是激情滚滚的它率先挤进地壳，锻造出坚硬美丽的花岗岩，做好了雕塑黄山用的胚胎。

当岩浆耗尽了满腔的热情，花岗岩慢慢冷却凝固时，第二位大师出现了，它就是裂隙。地下的花岗岩母体中暗藏着垂直、水平、纵横交错的多种裂隙。裂隙长短密疏的不同,决定了升上地面后的石头景观必将千差万别。是裂隙、断层沉着有力地勾勒出俊朗黄山的大轮廓。

就拿著名的“飞来石”来说,不知它已在那里临风玉立了几千万年,它的身世之谜你能破解吗?

首先排除的是飞来的可能,因为飞来之石落地会留下陷坑,不会是完整无损的平台。那么,它是谁雕刻出来的呢?这位大师就是花岗岩身上天生的各种裂隙。它的母体岩石在冷却凝固时,产生了三组近乎垂直的裂缝,那时的飞来石已是一个长方柱状的雏形,但它周围还有岩石包着。后来岩体上升,露出地表,外围岩石不断破碎掉落,被包在最里面的“飞来石”也就鲜花绽放般地诞生了。如果说飞来石是无根石,那就是石头下面的那一条横裂缝,切断了它的根。

而仙人晒靴、仙姑晾鞋等也属裂缝所雕。岩体上升、碎石脱落后,包在最里面的像鞋、像靴、像天鹅的花岗岩石块,就显露出原形。千万年后,就被文人雅士依形状来取名了。

如果说断层和裂隙对黄山进行的是大刀阔斧般的粗放式雕刻,那么,风刀、霜剑、水溶、冰胀,甚至植物根系等,都可称得上是慢功出细活的精雕大师。

天在这里形成一条线,这是游西海大峡谷的必到之地。这狭长的石缝将来是要聚合还是要分开?初时,这也是裂隙所雕,它使花岗岩在垂直方向产生断裂与错位。之后,就是诸位慢性子的能工巧匠各显神功了。断裂处岩石较破碎,重力、雨水、冰雪、温差等协同并进,使裂缝两边的岩石风化、崩落,裂隙不断扩大,形成了今天的一线天。据资料推测,从裂隙开始雕刻大轮廓时算起,这一过程经历了2 300万年。目前,大峡谷的一线天仍在精雕大师们的手中不断扩大。

每一块石头都与历史有关,是亿万年的自然磨难将它们铸造。在漫长的岁月中,巨斧、刻刀沿着花岗岩中天然的奇妙花纹游走,劈山开石,造就出绮丽险幻的黄山群峰。黄山是大自然时时雕刻但永远不会完成的一部杰作。

一阵风,一只鸟儿,就可以托举它在梦境中飞翔;一滴雨,一缕光,就能用温情的爱抚唤醒它成长。黄山松的生命是个奇迹,它餐风饮露却甘之如饴,有如大山的精灵,千百年来,守护着黄山。

神秘的高黎贡山

中国的山脉大多是东西走向，而我国的横断山脉，由于受欧亚大陆板块与印度次大陆板块的挤压，呈现出南北走向。在横断山的西南，有一个物种多样性的宝库，这就是神秘的高黎贡山。

高黎贡山位于我国云南省西部，面积约280万公顷，全区地处喜马拉雅山东部南延地段。高黎贡山总体呈南北宽、中部窄，地势南北走向。

茂密的原始植被给高黎贡山披上更加神秘的色彩。高黎贡山是一条低纬度高海拔的巨大山脉，由于距离西南季风的源地印度洋较近，所以水气来源充沛。温暖潮湿的气候为各种植物提供了最理想的生存环境。

高黎贡山跨越五个纬度，垂直分布壮丽景观明显。从黑龙江至海南岛几千千米分布的景色，在高黎贡山一处就能尽收眼底。

在这里你能清晰地看到，最上面是雪山，雪山下面是岩石层，岩石层下面是草本植物，草本下面是灌木丛，灌木下面是乔木，主要是耐寒的针叶林，针叶林下面是阔叶和针叶的混交林，混交林下面是阔叶林，再往下走便是河谷和农田，这是人类赖以生存的地方。

亚洲大陆东部山脉大多是东西走向，巨大的山脉在第四季冰川来临之际，成为动植物难以逾越的障碍，很多动植物因无法翻越横在它们面前的山脉而死亡。

而南北走向的山脉，山体下的沟谷便成为动植物南迁的走廊。这座大自然建造的走廊在地球的冰河时期，大部分动植物沿着河谷迁移到温暖地带，所以高黎贡山便成为动植物迁徙的通道和避难所。

高黎贡山

属青藏高原南部，横断山西部断块带，印度板块和欧亚板块相碰撞及板块俯冲的缝合线地带，是著名的深大断裂纵谷区。山高坡陡切割深，垂直高差达4 000米以上，形成极为壮观的垂直自然景观和立体气候。鬼斧神工塑造了无数雄、奇、险、秀景观，比如银河飞溅、奇峰怪石、石门关隘、峡谷壁影等一幅幅壮景。

就这样，很多动植物躲过第四季冰川的劫难，在高黎贡山找到适合自己生存的环境。一些古老濒危植物在高黎贡山的庇护下也保存下来。

在地球别的地方消失的物种，在这里却生活得悠闲自得。它们生儿育女，家族兴旺。

高黎贡山融合了青藏高原、中印半岛及本地种属的植物。因此，该地区植物种属复杂，它的特有化程度雄居世界大陆区系之首。

据调查，高黎贡山有高等植物四千六百多种，其中，特有植物种群有500种之多，所谓特有物种，是指地球上只在高黎贡山存在的植物。

在高黎贡山周边生活着16个民族。这些民族多数崇拜自然，爱护环境。比如傣族人会用歌舞的形式来祭奠森林，他们为保护这片原始生态立下了汗马功劳。

高黎贡山像一座巨大的自然博物馆，吸引着世界各国科学家前来考察。他们纷纷被这里奇特丰富的物种所震撼。

高黎贡山是世界物种最丰富的十大关键地区之一，堪与南美的亚马孙河地区媲美。高黎贡山正在撩开它神秘的面纱被世界人民所认识。

地球能量产生与释放

如果地球某一区域发生了地震，或者是某一地方出现了山体滑坡，实际上都是地球在释放能量。地球释放能量，有时是在局部强烈爆发，有时则是在大范围内缓慢进行。不管是天翻地覆的巨变，还是沧海桑田式的演化，总之，地球在其形成的46亿年历史中，始终是在不停地运动和变化着。

产生地球变化的力量源泉，是能量。地球能量按产生方式的不同，又分为内能和外能两种。地球的内能，是指地球本身产生的能量，它来自于地球旋转的功能、地球内部的热能和地球的策略能三方面。

地球，是太阳系的九大行星之一，它除了围绕太阳进行公转外，本身还在不停地自转。地球自转产生的惯性离心力，能够给予地球体巨大的能量。这种能量就称为旋转能，或叫动力能。有人计算，这种能如果换算成电能，它相当于全球发电总量的数亿倍。

地球内部是一个巨大的热库，它储藏着惊人的热能，地球从地面至地心，随着深度的增加，温度也在不断地提高。地下2 900千米处的温度可达3 700℃，而地心的温度则高达4 500℃。地下热能的来源主要是由于地球内部放射性元素蜕变而产生的。

地球的策略能，主要是指地心引力给予地球体本身的能量。重力能可转换成热能，也可以转化为动力能。

地球的外部能量，主要有太阳的辐射能和日、月的引力能。太阳辐射能，是地球表面最主要的能源，也是地表水和大气运动的主要动力，它能使地球表面发生风化、剥蚀而改变原来的外貌。日、月的吸引，可以对地球产生作用力，作用力本身也可转化为能量。

另外，地球上有数以万计的河流，不停地奔腾流淌着，有的河流把本流域的大量泥沙冲向异处。同时，我们人类为了得到各种矿产资源，而大规模开采矿藏，为此每年都有数亿立方米的矿物被搬动。结果它同样可改变区域性地壳平衡，并与之相伴产生一定的能量。

由于地球始终要受以上各方面的影响，所以地球的能量也就在不断地产生和积累着，当能量积累到一定的程度时，就要释放出来。

当然，能量释放有多种形式，而且不同方面的能量也是可以互换的。如重力能可转换成热能，热能又可转换成动能等。

不管地球能量以何种方式释放出来，它都要产生相应的后果。而这种后果对人类及所有生命的影响，是多方面的，有时它会造成巨大的破坏力，改变地球的生态；有时通过地壳运动变化，产生新的矿产资源。

地球能量的产生与释放，都是人类不可抗拒的，但人类可对它进行分析研究，从而加强适应自然的意识。地球能量释放的形式有以下几种：

发生地壳运动：这是在地球动力能的作用下，使构成地壳的岩石形态、位置发生变化。我们在野外常常看到岩层出现弯曲、破裂或错断等现象，地质学中称为褶皱和断层。这些现象的发生，都是由于地球内部应力释放所造成的。地壳运动，可分为垂直运动、水平运动及组合类型。运动的结果可造成高山深谷和海陆位置的变迁。例如，喜马拉雅山，原来这里是一片海洋，它的崛起是由于组成地壳的两个巨大岩石体相互水平挤压，其中的一个插到另一个岩体之下，将其抬升成为今天的世界最高峰。至今这种挤压还在进行着，同样喜马拉雅山的抬升也在继续着。

岩浆作用：也是地球能量释放的重要方式之一。当地球体的部分区域所承受的压力达到一定程度时，地下的岩浆就会沿着地壳的薄弱带上升，喷出地表形成火山爆发。而岩浆冷凝成岩石，就造成了对周围岩石的侵入。不管岩浆喷发或侵入，都能够使地球内部积聚的部分热能得到释放，从而形成新的平衡。岩浆作用可以给人类带来灾难，也可留下美丽的火山景观，以及形成与岩浆、热液有关的各种矿床。

地震：是局部岩石圈破裂而突然释放地球内部能量的一种现象。地壳运动、火山作用、重力、塌陷等都可以诱发地震。地震是自然界一种经常发生的地质现象。一次地震的持续时间很短，一般仅几秒到几分钟。据不完全统计，地球上每年发生大大小小500万次地震，其中能对一个地区造成巨大灾难的大地震十来次，能给地面建筑造成一定破坏的强震不超过一千次。地震的发生，能使地球内部能量得到不同程度的释放。

科学家把通过岩石向外传导地球的热能称为大地热流，并认为岩石散热是地球热能释放的主要渠道。据测定，全球每年通过岩石散发的热能，相当于燃烧400亿吨煤所产生的热量。当地球通过岩石向外释放热能时，在一定的温度和压力下，能使原来的岩石发生变质，形成新的岩石类型。

当然，地球能量释放的几种主要方式通常会相互伴生，有时也会同时进行。我们居住的地球，在不断地运动和变化着，同时也在不停地积累和释放着能量。而能量的积累和释放，总是在平衡与不平衡之间循环往复着。

正因为地球能量不断的释放，从而改变和破坏了地球的原有的面貌。而随着地球新面貌的出现，我们也会发现和得到新的景观、新的矿床。总之，地球能量释放是不可阻止的，它给人类带来的有灾害也有开发的新希望。

沙漠

茫茫戈壁沙漠，被称为是死亡之海，又被看做是地球所患的皮肤病。

在南北半球20° ~ 30° 纬度之间，是地球上绝大多数沙漠集中的地带。我国西北部的内蒙、新疆、甘肃、青海、陕西、宁夏等省区，分布着总面积为130万平方千米的戈壁沙漠，约占全国土地面积的13.7%。

沙漠，是由岩石及一些沉积物，经过长时期的风化，同时又缺少水分而造成的。沙漠地带，大都降雨很少甚至是常年无雨，而且蒸发量很大。水是生命之源，沙漠缺水或者是无水，各种生命，包括动物和植物都很难生存。细小的沙粒，在风力不断作用下，会飘向远方，而沙漠的蔓延能给人类造成极大灾难。

沙漠特殊的气候条件是无法改变的，人类更不可能让沙漠从地球上消失。或许我们可以做到的就是在一定范围内控制它进一步扩散。

我国西北部干旱沙漠区年降水量一般在200毫米以下，其中有不少地方少于100毫米，但与全球许多沙区相比，平均降水量并不少，而且中国有相当一部分沙漠周围是储水较为丰富的高山。如天山、阿尔泰山、昆仑山、阿尔金山、祁连山等，它们所毗邻的就是新疆、青海、甘肃等地的沙漠，有了水就可滋润一方土地，从而也有利于控制沙漠扩展。

沙漠是可怕的，但沙漠一些独有的自然环境也是可以利用的。正是因为沙漠干旱少雨，所以光照比其他地区更为充分。太阳是一个巨大的辐射源，阳光给地球提供的能量，比全世界发电站的总功率多20万倍。荒漠区的太阳辐射一般比温带其他地区高出1倍以上。就植物光合作用而言，光能生产潜力为3 500 ~ 4 000千克／亩，如充分利用，比长江中下游高出500 ~ 1 000千克／亩。

中国西北部广袤的沙漠，并非都是不毛之地，在这个所谓的“死亡世界”里，野生植物有上千种，其中有我们常见的锁阳、苁蓉、甘草等。为了适应沙漠恶劣的自然条件，这些植物根系发达，以利于在沙土中吸收水分。而叶、茎细小，叶呈棒状、柱状、刺状，甚至无叶，这样可减少水分蒸发。

沙漠中的植物生长缓慢，但十分顽强地阻止着沙漠的流动。中国西北部沙漠区，有些地带曾经历了海陆变迁过程。如青藏高原北缘，几亿年前还是海洋，由于地球板块作用，慢慢隆升为陆地。地质大规模的演变，为各种矿产资源的形成创造了条件。

令人望而生畏的沙漠，蕴藏着相当丰富的自然资源，具有巨大的开发潜力。目前全世界已探明的三百多个特大型油气田，沙漠中就有一百多个。在我国新疆的塔克拉玛干沙漠，已发现一个世界级的大油田，即塔中油田，而据地质资料预测，类似的大油田还应当有几个。陕西北部及内蒙古南部的毛乌素沙漠区，有我国唯一的世界级达标的大气田，即陕北大气田，总储量逾千亿立方米。

探索黄土高原

在我国西北部有一块神秘的土地，那就是黄土高原。

黄土高原西起青海省的日月山，东到太行山，北起长城和阴山，南到秦岭，面积约63万平方千米。在这片黄土地上居住着十几个民族，1亿多人口。

大约在800万年前，强烈的地质作用和长期干旱的气候以及异常猛烈的大风，使得亚洲中部和中国西北部地区逐渐形成浩瀚无垠的沙漠或变成沙石裸露的戈壁滩。人们不会忘记今年4月份在北京、宁夏、河北、青海等省份出现的不同程度的沙尘暴和降尘天气。一些直径小于0.25毫米的细小颗粒借助强大的西北风被卷到3 500米以上的高空，黄沙直上白云间。大风将粉尘源源不断地搬运，当粉尘在空中遇到潮湿气流后吸水变重，逐渐下沉，纷纷扬扬地洒满了西北大地。

粉尘年复一年地堆积，经过两百多万年的堆积和后期侵蚀，逐渐造就了新旧不同，形态各异，深浅分明的沟壑、黄土塬、黄土梁、黄土峁等千姿百态的地貌，形成了蔚然壮观的黄土高原。

中国科学院地球环境所黄土与第四纪地质国家重点实验室的科研人员在一百多米厚的黄土剖面上提取土层样本进行微细颗粒分析试验，证明颜色浅淡的黄土层是在干冷的冬季风气候下形成，而暖湿的夏季风气候则形成了红色的古土壤。这表明黄土高原是在冬夏季风气候的交替控制下演化发展的。

蓝田黄土堆积的公主岭动物群是目前我国北方最早的一个有直立人化石的哺乳动物群。在哺乳动物群化石中有在干燥寒冷的气候环境中生活的纳马象、披毛犀和鹿，而熊、虎和猴子更喜欢在雨量充沛、潮热茂密的森林中悠然自得，大熊猫和剑齿象、苏门羚则生活在亚热带地区。这些动物的化石证明这里曾经是草原和森林。

这里有300年前的树轮。树木年轮也像人的年龄一样精确计算。树木的年轮又具有连续性强、分辨率高的优势，是获取气候环境演变数据的重要方法之一。

树木年轮的宽窄则取决于温度、降水、土壤湿度、光照等自然环境因素，科研人员从对树芯的分析中提取这些因素变化的信息进行黄土高原地区生态环境的研究。

通过对黄土层中的花粉筛选过滤，区分不同花粉组合推断不同植被类型和分布状况，直接证明了黄土高原地区形成于半干旱的草原和半湿润的森林草原环境。

多年来，黄土与第四纪地质国家重点实验室的科研人员为西部开发和建设提供了科学依据。

为使黄土高原再次焕发青春活力，就必须恢复植被；同时发展水土保持型生态农业。

相信在不久的将来，黄土高原一定能够出现“山绿、水清、民富”的繁荣景象。

5亿4千万年前的生命大爆炸

5亿4千万年前寒武纪的地球陆地一片荒际，在这时的海洋里却发生了一场震撼人心的事件。从那时的化石分析，今天地球90%以上的动物门类在短短的3千万年里一齐冒了出来。这场被称为寒武纪的生命大爆炸，使一直认为我们今天这三十多个动物门类是38亿年缓慢进化来的达尔文深感困惑，而寒武纪地层中仍在不断出现的新化石，让现代学者们用了一个半世纪也无法说清这场大爆发的规模究竟有多大。

中国云南的澄江化石群，是目前世界上最重要的研究寒武纪生命大爆发的地方。它的价值在于它产生的化石年代距离大爆发的时间源头很近，能够更清楚地看到爆炸初期的全貌。让人们惊讶的是，在这里找到了更多的动物门类化石。

高等的脊椎动物是通过半索动物和脊索动物等中间类型，逐步从无脊椎动物演化而成的。在1995年前的一个多世纪，人们所发现的寒武纪大爆发形成的十几种动物门类，全部都属于以三叶虫为代表的无脊椎动物。最早的脊椎动物——鱼，仍然只见于寒武纪之后的奥陶纪。

1996年，一种被称为云南虫的化石引起了科学家们对它是无脊索动物还是原始脊索动物的两派争论。还有一种观点认为，云南虫独特的躯体三分结构——吻、领、躯干使它已经超出了普通无脊索动物范围。但它的演化却误入了歧途，没能达到真正脊索动物的正统谱系。所以，云南虫应归于无脊索动物向脊索动物演化中出现的早期旁支谱系的半索动物。

云南虫的讨论使人们突破了寒武纪大爆发限于无脊椎动物的观点，如果这次生物爆炸已经超出了“低等”的圈限，在“高等”类群中产生了半索动物的旁支，这场爆炸是否会同时创造出走上正道的原始脊索动物呢？

不久人们从澄江化石中解剖出了一枚极为罕见的小型动物化石，这是世界上已知的最古老的低等脊索动物化石，它具有典型脊索动物的肌节物造，宽大的咽腔和密集型鳃裂，古生物学家称它为“好运华夏鳗”，希望它能给古生物学研究带来更美好的前景。

云南虫和华夏鳗的发现研究，使人们又一次感到寒武纪生命大爆发涉及的动物门类规模用传统的渐变进化理论是难以解释的。专家们认为：那时海洋里繁殖的藻类，在当时强烈的阳光照射下，光合作用使地球海洋的氧气含量大大增加，这可能是寒武纪大爆发的重要原因。那么，在中国云南澄江这块5亿3 500万年前的浅海湾里，在寒武纪生命大爆炸的最初巨响中，会不会产生最高等的脊椎动物——鱼呢？

寒武纪时的地球和现在地球的模样大不相同，那时的地球分为三块大陆：劳伦古陆、冈瓦纳古陆和由许多小岛组成的欧亚大陆。现在研究寒武纪著名的三大化石群中加拿大布尔吉斯质岩动物群和中国澄江动物群分布在当时劳伦古陆和欧亚大陆的浅海里。

那时的陆地到处荒凉无比，没有任何植物和动物，5亿4千万年前地球大气层的二氧化碳含量仍然很高，挡不住强烈的太阳紫外线，所以地球上的所有生命都躲在能够减弱阳光力量的海水里。而海洋里最原始的藻类经过几亿年的繁殖，在光合作用下，它们已经在海洋里制造了大量的氧气，叠层石就是一代代制造氧气的藻类生物的沉积遗体。

可能就是这些藻类使5亿4千万年前的海洋爆发了地球生命史上最辉煌的一幕。

从澄江化石群中找到的新化石使寒武纪大爆炸的规模越来越让人难以理解，云南虫和华夏鳗又突破了寒武纪爆发仅限于无脊椎动物的范围。那么这场生命大爆炸的规模到底有多大呢？

在澄江，人们又发现了一种奇怪的“西大动物”化石。按照达尔文的渐变进化理论，现存的三十多种动物门类是在地球38亿年生命演化时间里逐渐形成的。但是对寒武纪爆发的研究，使大多数古生物学家相信，这三十来个动物门类几乎是在早寒武纪500万年中一次性爆炸而成。甚至还有人推测，寒武纪大爆发时可能分异出了上百个动物门类，其中大多数的类别因为形态功能的不完善，在随后的生存竞争中消亡了。“西大动物”很可能就属于这种灭绝类型。

假如这种推测成立，早寒武纪时的自然选择压力要比人们预想的更大、原始，脊索动物的演化速度也会更快。难道寒武纪大爆发会产生脊椎动物吗？现在人们找到的最早的脊椎动物——鱼，是在寒武纪大爆炸以后5千万年的奥陶纪。

1999年2月，西北大学的舒德平教授带着从云南澄江化石群采集的化石返回西安。在显微镜下,一块化石变得非同小可起来,当化石背部的岩石被去掉后,舒教授辨认出这是一条生活在早寒武纪海洋中的鱼:有趣的是,在同一地点的两个月前,云南地质研究所的罗惠麟教授也发现了一块类似的化石。

这两条古老的鱼有清晰的“之”字型肌节、原始偶鳍和围心腔,这些脊椎动物的基本特征向人们展示着5亿3千万年前生命进化的信息。这两条鱼的发现把脊椎动物的发现时间至少提前了4千万年。寒武纪大爆炸的规模又一次扩大了。专家认为:从化石形态上可以看出,这两条鱼还不是最原始的脊椎动物形态。那么,寒武纪生命大爆炸中,原始脊椎动物——鱼,会是什么形态呢?人们的认识仍然没有结果。

走向海洋

——海洋与人类

一、海洋与人类

地球作为一颗行星在浩瀚的宇宙中是微不足道的，但它独有的特点令宇宙中大多数天体黯然失色。那就是，它是太阳系中唯一拥有大量液态水的星系。如果乘航天飞机俯瞰地球，你会清楚地看到，人类居住的地球是一个淡蓝色的水球，而陆地只不过是浩瀚大洋中的一个个岛屿，所以，地球的称谓可能是古人对自己居住星球的一种误解。

把地球称做水球或者是海洋之球，似乎更为贴切些。然而，我们今天已经没有必要做这种更正了。

地球的表面积为5.1亿平方千米，其中海洋的面积为3.67亿平方千米，占整个地球表面积的70.8%；而陆地面积为1.49亿平方千米，仅占整个地球表面积的29.2%。

海洋对自然界、对人类文明社会的进步有着巨大的影响，人类社会发展的历史进程一直与海洋息息相关。没有人不认为，人类的文明与进步直接受益于海洋。

海洋是生命的摇篮，它为生命的诞生、进化与繁衍提供了条件；海洋是风雨的故乡，它在控制和调节全球气候方面发挥着重要的作用；海洋是资源的保护地，它为人们提供了丰富的食物和无穷尽的资源；海洋是交通的要道，它为人类从事海上交通提供了经济便捷的运输途径；海洋是现代高科技研究与开发的基地，它为人们探索自然奥秘、发展高科技产业提供了空间。

在人类进入21世纪的今天，海洋作为地球上的一个特殊空间，无论是它的物质资源价值，或是政治经济价值，都远远超出人们原有的认识。人们对海洋的需求不再只是渔人之利、舟楫之便了。科学技术的高速发展，使人类有条件以进军姿态走向海洋。

然而，谁也不可否认，20世纪全球环境的恶化、经济的畸形发展，使能源、粮食和水危机的阴影重重笼罩在人们的头上。陆地已不堪重负，而海洋有可能是人类第二个生存空间。

但是不要忘了，我们只有一个地球，地球上只有一捧海水。洁净明亮的海水，对于我们人类，对于地球上所有的生灵是多么的重要呀！

让我们记住一位哲人曾经说过的话：海洋养育了我们，我们要感谢海洋。作为生命最初的摇篮中的后代，我们光滑的皮肤，我们血管里的血，我们体内循环的水，都是海洋的所有，我们只是海洋的一分子。

二、发现洋中脊

人们在认识洋底真实面貌的过程中，经历了一个相当漫长的过程。由于巨厚水层的组合，人们无法了解大洋底部的情况，便产生了种种猜想。当人们望着无边无际的大海时，多么渴望了解大洋底的真实情况啊！

直到20世纪，由于海洋调查手段有了很大改进，特别是声纳技术的运用，使得人们有条件来认识海洋底部的面貌，科学家们开始对大西洋底部进行调查，结果与人们的想象完全不同。原来大西洋的中部洋底不是很深，而是比较浅；不是平坦，而是存在一条南北走向的海底巨形山脉。由于这条海底山系走向很像人体的脊椎，所以，科学家给这条山系定名叫“大西洋中脊”。

自20世纪60年代美国和法国发现了太平洋洋底和大西洋洋底南北向非常壮观裂开的缝以来，我们把这个很长的缝叫做大洋中脊。

第二次世界大战结束后，科学家在对大西洋底山系进行详细调查的同时，先后对太平洋、印度洋、北冰洋洋底进行了调查，原来洋中脊山系不仅在大西洋洋底存在，而且在太平洋、印度洋、北冰洋洋底都有类似的海底山脉，这些山系相连，纵横各大洋海盆，连绵8万千米，山体高出海底1 500 ~ 3 000米，宽度千余米至数千米。调查结果证实，原来大洋中脊山系是洋底的一条环球海底山脉。不论它的长度，还是它的规模气势，都比陆地上任何山脉都壮观得多。

调查的结果令人吃惊，人们当时无法解释，为什么大西洋底部会有如此巨大的海底山脉。人们还发现，大西洋海底山系的高度变化是十分明显的，从深海平原开始，海底逐渐升高，形成了崎岖不平会有大断裂的海底山峰，海底露出海面的部分，形成群岛或火山岛。在大西洋上，冰岛、圣保罗岛、阿森峰岛、圣科勒岛等均属这类岛，亚苏尔群岛上的陂科峰是露出海面的最高峰，高出海面2 321米。

现在，人们对海洋底部的面貌有了较为完整的了解，海洋的底部也和陆地的地貌一样，有连绵数万米的海底山脉，有上万米深的海渊，还有坦荡的数千千米的深海大平原、海丘等，直到这个时候，人们也像绘制地貌图一样，绘制出了世界海底地貌图，如大西洋底地貌图、太平洋洋底地貌图、印度洋洋底地貌图。

如果说，中世纪的航海家们驾驶航船跨越大洋，发现大洋彼岸的新大陆是人类历史上的第一次地球大发现，那么，20世纪五六十年代的大洋底部海底，也就是洋中脊的发现，则是人们透过巨厚的海水对世界洋底有了较为完整的科学认识，应该是人类的第二次地球大发现。这一发现为后来的海底扩张说、板块构造说奠定了基础。

三、从“海底扩张”到“板块构造”

通过对地图的全新观察发现和创立一个新的地理学思想，这似乎是科学史上的一个奇迹。而这个奇迹的伟大实践者就是20世纪初德国天文学博士魏格纳。在魏格纳看来，南美洲和非洲两个大陆之间尽管现在还隔着大西洋，然而在远古的时候，它们可能是连成一片的，如果把两个大陆拼在一起，它们之间的古代岩层就完美无缺了，于是他提出了大陆是在漂移的说法。

大陆漂移说是地理学上的一个重要的学说，这是魏格纳1912年提出的。魏格纳本人不是一个地理学家，他是个气象学家。他怎么会提出大陆漂移呢？原来他在看地图时，发现非洲凹进一块，南美洲凸出一块，两个一拼合刚好吻合。他就设想：这两个大陆过去是连在一起的，后来漂移开来。事实证明，这个假说变成了一种学说。

到20世纪60年代以后，科学家们又提出了海底扩张说，并且找到了海底扩张的证据。他们认为，如果在洋底确实存在扩张现象，那么海盆地壳上就应该存在着一系列与中央洋脊完全平行的被磁化了的地质条带。后来，人们果然在太平洋、大西洋和印度洋的海盆地壳上找到了大致相同的被磁化了的地质条带。现在，人们看清了位于地壳之下的地幔物质是沿着大洋中脊、中轴部位的洋壳岩石圈裂缝处不断地涌喷出，形成新的海底地壳，这些滚热的岩浆源源不断地涌出，形成了火山喷发或是引发地震，把原有的洋壳向裂缝两侧推移扩张，新的洋壳就在这里生成了。

年轻的海底，古老的海洋，海水已经存在多少亿年了，海底则不是这样。海底还是非常年轻的，为什么呢？海底岩浆喷射以后，促使大洋两旁地壳平行移动，岩浆喷出来形成新的海底，把老的都挤到大陆上来了。所以，我们看到的海底都是很年轻的。

1970年前后，一批年轻的海洋地质学家在海底扩张说的基础上又提出了大陆板块构造说。科学家认为，全球的广大板块可能在它们还作为一个整体时就已经形成。太平洋板块、欧亚板块、美洲板块、非洲板块、印度板块、南极板块，它们曾经是一个整体。有时发生分裂漂移，当一个板块离开另一个板块的时候，这两个板块的后缘部分由于熔岩上涌，在沿轴线部分冷却固结，形成新的物质被填充在轴线上，大洋中脊就是这种轴线。也正因为如此，这里是新的洋脊产生的地方。科学家认为，海底扩张的中心无疑是大洋中脊处，在这里板块物质得以补充。在这个过程之中，板块前缘处被造山运动或板块俯冲作用冲击或挤压，破坏了地壳的动力平衡。因而，地球上的大部分地震和几乎所有的火山运动都局限于板块边缘，漂移板块的中央是相对平衡的，地震和火山活动很少。但是，一些远离板块边界的地方却有火山活动，夏威夷群岛就是一个明显的例证。

大陆漂移的进行是十分缓慢的，以致观察者只能通过它所造成的地震和火山喷发才能感觉到它的存在。

四、潮汐

只要你在海边观察，就会发现海面总是按时涨上来，又按时退下去。天天如此，年年如此，永不停顿，这就是潮汐。人们把白天海水的涨落叫做潮，晚上海水的涨落叫做汐。

大洋潮汐是在月球、太阳等天体引力作用下所产生的，在万有引力的作用下，月亮对地球上的海水有吸引力，人们把吸引海水涨潮的力叫引潮力。地球表面各地离月亮的远近不一样，所以，各处海水所受的引潮力也出现差异。一般正对着月亮的地方引潮力就大，而背对着月亮的海水所受引潮力变小，离心力变大了，海水在离心力的作用下，向背对月亮那面跑，于是也会出现涨潮。由于天体是运动的，各地海水所受的引潮力不断在变化，使地球上的海水发生了时涨时落的运动，从而形成了潮汐现象。

潮汐是非常守时的，它几乎和时钟一样准，月亮绕地球一周是24小时48分钟，潮汐的周期也是24小时48分钟。一昼夜之间大部分海水有一次面向月亮，一次背对月亮，海水自然有两次涨落。

我们知道潮汐现象是月亮起主导作用，但也不能忽略太阳的影响。在天体运动过程中，月亮、地球和太阳形成直角时，由于月球和太阳的引潮力相互抵消了一部分，海面的涨落差距很小，这就是小潮。当太阳、月亮和地球处在一条直线上时，月亮引潮力和太阳的引潮力齐心合力，引潮力就大，这就是大潮。每年春分和秋分的季节，地球离太阳最近，加上月亮的力量，就形成特大潮，闻名于世的钱塘江大潮就发生在秋分时节。每到涨潮时，钱塘江会掀起巨大波涛，如万马奔腾，其惊险壮观堪称天下一绝。

潮汐的变化直接影响着人们的生活，像军事、远洋航海、海上捕鱼、海水养殖、海洋工程及沿岸各类生产活动都受潮汐的影响。为了掌握潮汐的规律，人们对潮汐的研究从来没有停止过，在我国沿海分布着许许多多大大小小的海洋站，这些海洋站随时记录着当地潮汐的情况、潮位的变化，并且将这些信息及时准确地传达到国家海洋信息中心。海洋信息的专家们根据这些信息进行分析、计算，并制作出我国及世界各地主要港口潮汐时刻表，做到三年早知道，供各类生产部门使用。

潮汐中还蕴藏着巨大能量，潮汐发电就是靠潮汐的落差来实现的。目前，我国建成了十多座潮汐电站，1980年建成的江厦潮汐电站，每年可发电10 700万度，由于潮汐电站既不浪费能源，也不污染环境，因而，给人们带来无限光明和利益。

五、海平面

我们计算海面高度或是深度，有个海平面起算点标准选择设置的问题。

人们发现，自然的海面并不是平的。有的地方海面凸出来，有的地方海平面凹陷下去，位于赤道附近的加勒比海海面要比大西洋北部海域高出百余米。由于受潮汐等诸多因素的影响，自然海面的升降变化是经常发生的。显然，客观地衡量海面的上升或是下降，没有一个理想的海平面起算零点是不行的。我国海平面起算点或者叫高程零点，就设在山东省青岛市海军一号的码头上的验潮站内。

青岛地处我国纬度的中段，地质结构比较稳定，为花岗岩地区。海军一号码头验潮站验潮时间长，资料连续而丰富，因此，通过科学的方法计算出日平均海平面、月平均海平面、多年平均海平面，是相对稳定可靠的，当然这个测算过程是比较复杂的。

经过国家权威部门的确认，我国高程起算零点黄海平均海平面在1954年就确定下来，并投入使用。

在黄海平均海平面确定的同时，还在青岛观象山上设置了水准圆点。这个水准圆点高出黄海平均海平面72.289米，是用特殊材料做成的，因此，极为稳定。在青岛市区建立若干副点，组成水准圆点网，中国的高程测量起算零点就这样建立起来了。

在观察海平面的变化中，高程零点起着非常重要的作用。它能非常准确客观描绘出大自然的细微变化，地壳下沉，会导致海平面的相对上升；地壳上升，会导致海平面相对下降，这说明地壳的上升与下降直接影响海平面的变化。但是，在实际工作中研究人员就是利用多年的高潮、低潮平均值为起算零点的，所以，高程零点是衡量变化的客观依据，这个依据标准就是我们通常所说的黄海平均海平面。

高程零点在国防建设上非常重要，从部队使用的地图到火炮设置、从导弹发射到航天器轨道设计等，都要以统一的高程零点为依据。在经济建设中，高程零点是城市建设设计的基础依据，人们设计高楼大厦、大桥码头、高速公路等都离不开高程零点。

六、浅海生物现象

海底世界美丽得令人不可思议，在水下近千米的中层水域，生活着许许多多绚丽多姿、五光十色的生物，尤其是海洋动物，它的多样性远远超过陆地上的动物。海洋动物分布非常广泛，从赤道到两极海域，从海面到大西洋的深处，都能看到海洋动物的身影。经过多年调查研究，人们发现海水的性质最终决定海洋生物的特点，而在世界大洋中每个海域的性质是不相同的。

金枪鱼在水中游弋自如，是大自然中的游泳天才，它既有速度又有耐力，金枪鱼一小时能游六十多千米，一天可以覆盖四百多千米的海域。因此，为了水下科技，科学家们正在努力研究金枪鱼是怎么游泳的。

除这些大洋性鱼类外，还有鲨鱼和鳐鱼类，由于它们的骨骼完全是柔骨，因而被称为柔骨鱼类。鲨鱼不仅游泳迅速，而且感觉特别是嗅觉灵敏，对血腥味尤其敏感，就像大洋中的猎手，四处探寻猎物的出现。需要说明的是，在大洋中有百余种鲨鱼，但对人有攻击性的鲨鱼只有十几种。

海龟是两栖爬行动物，它是在陆地产卵孵化的。小海龟从它破壳来到世间起，就本能地爬向大洋，它们会不顾一切地游到海洋深处，在风浪里度过它上百年的生命历程。

在赤道附近的热带海域，分布着成片成片的珊瑚礁群，在一些被海水包围着的浅海水域，珊瑚如同项链一样，点缀着弯弯曲曲的海岸线和大大小小的岛屿。

你可知道珊瑚岛的创造者，竟是体态十分弱小的珊瑚虫。珊瑚虫是一种腔肠动物，它是由内外两层细胞组成的，珊瑚虫具有群居的习性，常常是几千、几万，甚至数十万生长在一起，你挨着我，我挤着你，骨骼连着骨骼，构成一个群体。珊瑚虫这种群体之间不断的聚合，经过数百万年的生长和扩展形成了珊瑚礁。珊瑚是动物，但从它外形看更像是植物，它是不能移动的。

七、深海生物现象

许多人有这样一个理念，人或是他的同类能够生存的地方，就是生命的乐土，反之，则是生命的禁区。

第一批乘深潜器到海底探险的海洋学家们，可能在他们下潜之前，并没有做好新发现的思想准备。在三四千米以下，幽深漆黑的海底，除了巨大的压力和冰冷的海水之外，还会有生命存在。

探险结果令科学家们兴奋不已，原来深海是一个人类从未发现的充满生命的世界。科学家们看到，由于深海的巨大压力以及食物短缺和寒冷黑暗等影响，为了适应生态环境，那些深海鱼类一个个被改造得奇形怪状。它们的皮肤薄而透明，具有伸展性，为了适应黑暗中的生活，它们几乎都带有效能极高的生物发光器。

从生物学的角度来看，人类无法从它们的生理特征来辨认出这些物种是从哪一条进化路线演化而来的。但是，这些深海生物极有可能是在史前某个时期地球发生类似恐龙灭绝的灾变时，被迫从原来生活的浅海区迁到深海来生活的。这就是说，深海生物仍保留着远古海洋生物的某些特征。显然用光合作用的一般原理，已无法解释深海生物种群之间的食物链关系了。

在深海大裂谷地带，人们还发现另一种更为奇特的生物现象。洋壳裂谷地带海底火山不断喷发出岩浆，熔岩接触海水之后发生爆裂，升起一缕缕黑烟，这种滚热物质把海水的温度加热到300 ~ 400℃以上。然而让人不可思议的是，在这种高温、高压海水中，仍有生物存在。

科学家们看到，在巨大的硫黄层四周全是冒着流体形成的一股洪流，每一个平台的堆积物上都有一些虫子漂浮在周围的半流体中。而在此之前，没有人能料到那里会有生物。长成管一样形状的红色蠕虫，白色的螃蟹、蛤，几乎无色透明的小虾等，真是充满了形形色色的生命。

通过潜艇的探棒，测得这里的温度高达370℃，这不能不说是深海生物现象的又一大奇迹。科学家们研究发现，在深海热泉喷涌时，往往同时冒出大量的硫化物,在和海水接触后,产生大量被硫化的菌类生物,这些细菌类的存在成为热泉生物生态系统中的基础。也就是说,这些生命形式是靠化学物质而不是阳光来维持生命的。

科学家们研究发现,这种高温且充满硫化物的海洋环境与数十亿年前的古海洋环境非常相似。那么,是否可以作出这样的推理,假如生物能在如此严酷条件下生存,这不正说明今天发现的海底热泉生物群落是远古海洋生命演化环境的再现吗?

生命在地球上无处不在,生命创造的奇迹,我们今天似乎还没有完全认识到。

一生从不移动的珊瑚在繁殖上自然也是有别于其他动物的,它们在繁殖时不可能相互寻找配偶,雌雄之间发生身体接触,而是像植物播种一样,把卵子和精子撒向海洋。当然,这个过程免不了会为其他动物提供食物,但是仍有相当数目的珊瑚虫能够存活下来,建立新的珊瑚群。

一丛丛的珊瑚礁中可以栖息数千种鱼类,它们在蜂巢状的珊瑚丛中自由嬉戏,寻求各自的归宿。

八、海流

海洋中的河流就是海流,海流和河流都是沿着比较固定的路线流动,不过河流一般源于高山峻岭,流经平原最后流入海洋。而海流的两边全是海水,肉眼是难分辨出来的。科学家们只有利用测量器才能辨别出海流的位置、流速及海水的温度。此外,海流是首尾相连循环不绝的,科学家们把这种无限循环的海流系统叫做大洋环流。

在一张世界大洋的环流示意图上,我们可以看到赤道流,另一个地方就是黑潮,著名的一支暖流。暖流把大量的暖水从赤道地区带到高纬地区,然后向东传输。这个地方也是暖流,从南向北,把暖流带上来了。从北向南叫做寒流,比如有个寒流叫加利弗尼亚寒流,也是非常有名的。

在众多的海流之中黑潮是影响我国海域的一支著名的暖流,黑潮是向北赤道暖流转变而来。因此,黑潮具有水温高、盐度高的特点。

海水的流动就像大气中的气流一样,它对物质和能量有输送的作用,每当寒暖流交汇时,海水上下翻动,下层丰富的营养物质来到了表层,再加上水温适合,不冷不热,促使浮游生物迅速繁殖,为鱼、虾、蟹、贝提供了丰富的食物,渔场也就在这样的条件下形成了。我国享有天然渔仓之称的舟山渔场,也处在寒暖流的交汇地点。舟山渔场一年四季鱼虾不断，给浙江沿海地区带来了经济繁荣。

由于环流具有物质输送的特点，因而也会造成像赤潮一类的现象。由于海水的流动是封闭性的，物质不容易向外传输，于是造成物质积聚发生了赤潮，1998年渤海就发生了一次大的赤潮。

大洋环流遍及各个海域，好比人体里的大动脉，它们把海水从一个海区带到另一个海区，把底层海水带到表层，把热量带到寒冷的地方，把冷水带到热带海域，起到调节气候的作用。

据科学家们研究，近几年地球上发生的厄尔尼诺现象与大洋环流也有某种联系，卫星揭示了在太平洋中厄尔尼诺产生的原因。当出现厄尔尼诺时，本来是沿着赤道自东向西流动的热带暖流会自动地自西向东倒流，这使得东太平洋的水大面积升温，此时中国近海的情况是怎么样的呢？

在厄尔尼诺期间，中国近海整个增温，增温最高的达到5℃以上，5℃对海洋来说是非常高的数值。研究表明，可能是造成长江地区特大洪涝灾害的重要原因。

海流与人类的生活有密切的关系，因此，它成为海洋科学中最重要、最基础的研究课题之一。

九、种植海藻

海带是人们熟悉和喜爱的海洋食品，它和紫菜、裙带菜一样都是海藻，几十年前，我们吃海带还需要从国外大量进口。如今，通过科学的养殖，我们的海带年产量已经占世界年总产的一半以上，我国也成为世界第一大海藻养殖国家。

海带属于海藻中的褐藻类，它原产于日本海，是一种大型定生海藻，最初我国只有辽东半岛、胶东半岛的很小部分海区适宜海带自然生长，因此，产量很低。

从20世纪50年代初开始，在曾成奎等老一辈生物学家带领下，我国科研人员开始了人工养殖海带的研究，相继开发了海带自然光、低温育苗以及浮筏式养殖和施肥技术，解决了海带下苗培育、施肥和难以养殖的难题，从而使海带人工养殖业从无到有，迅速发展。如今，我国沿海各地普遍都能养殖海带。

在海上人工养殖的海带是倒立着向海底生长的，它的根在上，固定在浮筏的根绳上，头朝下，向海水中生长。这种倒置便于海带苗的栽培以及成品海带的收割，也使海带的根和梢都能够充分地利用光合作用，促进海带的生长。

近年来，我国继续保持着海藻养殖技术世界领先的地位，通过科学选育，我们已经获得了海带、紫菜的许多优良品种，并且在世界首创了海带、紫菜、裙带菜的克隆育苗技术，为海带人工育苗开辟了新的途径。

克隆的苗有几个好处，一个好处是它只要1个月就够了，而以往常规的育苗方法要三个月。时间短成本减低，管理起来就便利得多。再一个因为育苗时间短，所以不大有病害。第三个优点也是最重要的，就是遗传性很纯，只要你选来克隆的是一个好的品系，它培育出的苗都是一致的。

海带养殖拉开了我国现代化海洋生物大规模生产的历史序幕，也促进了我国海洋经济的发展。如今，渔民们可以划着小船，到自己的海田里收割海带，然后运到岸上，加工成各种产品。有的被送到工厂里提取碘、胶、醇，甚至药物，成为化工和医药行业重要原料；有的被盐渍加工成海带丝等新鲜产品；有的被铺在海边的荒地上，晒成干海带，作为能提供碘的重要食品，供给更多的人。我们已很难看出种植海带同陆地上播种、收割加工粮食有什么区别了。

近几年来，小小的螺旋藻也引发了人们的广泛关注，这种多细胞的丝状蓝藻，多数是海洋微型藻类。它生长快、产量高，并且具有极高的营养价值，被人们称为是21世纪的蛋白质。目前，我国很多地方都在大规模养殖优质高产螺旋藻。在茫茫大海中共有2万多种海藻，而其中可作为食品的就有大约100种。我们的祖先最早只是选育种植玉米、水稻等几种陆生植物，就养活了现在地球上的五十多亿人，也许在未来，种植了海藻的辽阔大海，将成为人类新的耕耘收获的蓝色田野。

海洋中的河流

在横渡大西洋前往圣萨尔瓦多的时候，哥伦布发现蔚蓝色的海洋中有一道深蓝色的河流自东向西流动着。这时，帆船快速地随波漂流。哥伦布在日记中写道："我注意到海水明显地自东向西流动，好像上帝驱使的一样。"

其实，哥伦布看到的那道深蓝色的"河流"就是海流。海流是海水大规模相对稳定的运动，它遍及世界各个大洋，组成一个个好似封闭的循环。海流的运动有很多奇怪的地方。首先，它运动的方向会在惯性作用下发生偏转。这个现象是物理学家科里奥利首先提出来的，人们就称这种力叫"科氏力"。

假设在没有科氏力作用下，海洋中运动的船只会沿着直线行进。然而，在科氏力作用下，船只的前进方向马上就改变了。

除了这个偏转特性以外，海流的运动还有稳定的特性。为什么我们说时常咆哮的大海是稳定的呢？这是和大气的运动比较而言的。尽管大气和海洋的运动都是由太阳辐射引起的，然而，大气的热源是下面由太阳照热的大地，而海洋的热源就是上面的太阳。

现在，做一个大气循环的实验，我们对容器的底部进行加热，液体在受热以后会发生明显的对流运动。而在表示海洋运动的实验中，加热容器的位置不是在底部而是液面，我们看到虽然上面已经烧开了，但是，下面的温度依然很低。容器中的小鱼依然悠闲地游动着。

当太阳照到海洋表面后，表层海水会先热起来，而后才是下层的海水，海水整体升温的速度非常缓慢。由此

海流

又称洋流，是海水因热辐射、蒸发、降水、冷缩等而形成密度不同的水团，再加上风应力、地转偏向力、引潮力等作用而大规模相对稳定的流动，它是海水的普遍运动形式之一。海洋里有着许多海流，每条海流终年沿着比较固定的路线流动。它像人体的血液循环一样，把整个世界大洋联系在一起，使整个世界大洋得以保持其各种水文、化学要素的长期相对稳定。

产生的运动也会十分的稳定。

除了以上偏转和稳定的特性之外,海洋还有一个“薄壳”特性。位于太平洋中部的马里亚纳海沟是海洋中最深的地方,它的最深处达到11 000米以上。这个数字表示什么呢?举例来说,如果把陆地上最高的山峰喜马拉雅山填入到这个海沟中,山顶离海平面的距离依然有两千多米。所以,人们总用深邃来描述和形容海洋。

但是,如果把海洋的深度和宽度进行比较的话,就会发现:即使拿马里亚纳海沟来做纵横比,大海从垂直方向来看还是薄薄的一小层,好像鸡蛋壳一样,这就是海洋的薄壳特性。

在掌握了以上三个特性以后,我们就可以清楚地认识海流的运动。它们就像人体的血液循环一样,那巨大的大洋环流,好比是几条“大动脉”,规模较小的海流则是数不清的“微血管”。虽然我们不能直观地感受到海流的存在,但是它影响着海洋生物、陆地生物和我们人类,它是地球生命生存繁衍的重要基础。

监测暴雨

暴雨是我国最严重的气象灾害之一，更是倍加令人关注的重大科学问题。长时间、大面积的强暴雨常常会引发洪水。据统计，近十年，我国大陆平均每年因暴雨形成的洪涝灾害造成粮食损失约200亿千克，经济损失近2 000亿元，占国民经济总产值的3% ~ 6%。

我国地处气候年际变化很大的东亚季风区，从历史上看，20 世纪50年代以来长江流域包括江淮地区的历次大水都是由持续性、突发性的中尺度强对流性暴雨系统造成的。

暴雨的形成是大、中、小尺度天气系统综合影响的结合。目前我国对暴雨灾害性天气的预报能力不足的主要原因是缺乏对中尺度对流系统三维结构的细致了解和认识。

据专家讲，要想提高预报暴雨的正确率，必须对暴雨系统的结构有深刻的了解。"通常在我们气象上采用的是常规观测的网，从这个台站到另一个台站的距离比较大，要达到150 ~ 200千米这样的间距，而我们的暴雨系统，常常是在小于100千米这样一个范围里面，这相当于一个大的渔网，网眼比较大，而鱼比较小，大网眼的渔网逮不着小鱼。而我们现在要讲究的，恰恰是这样的小鱼网的结构，也就是中尺度暴雨系统的结构，所以我们必须采取加强观测的手段。"

对暴雨形成规律的研究必须首先来源于对它形成信息的掌握，现代高新技术，特别是卫星、雷达、遥感等技术的进步，使我们能够构成一个地空相结合的暴雨监测网络。

多普勒雷达

就是利用多普勒效应进行定位、测速、测距等工作的雷达。所谓多普勒效应就是，当声音、光和无线电波等振动源与观测者以相对速度V相对运动时，观测者所收到的振动频率与振动源所发出的频率有所不同。因为这一现象是奥地利科学家多普勒最早发现的，所以称为多普勒效应。由多普勒效应所形成的频率变化叫做多普勒频移，它与相对速度V成正比，与振动的频率成反比。

双多普勒雷达可以同步、加密扫描覆盖的区域，重点监测追踪梅雨锋内的中尺度云系的降水强度、含水量及风场等气象要素的三维结构。

利用GPS观测网，可以连续接收卫星发出的电磁波信号，获得大气柱水汽含量的时变信息。风廓线仪则可以随时探测高空风场。地面自动气象站用来实时监测采集风向、风速、降水、温度、相对湿度、露点温度等气象资料。闪电定位仪则可以捕捉到闪电的位置、时间和强度。

气象科研人员通过地面、高空和太空对中尺度暴雨系统实施综合监测，获取了过去难以想象的第一手高时空分辨率的，中尺度强暴雨发生、发展、成熟、消亡及其整个发展过程里的大气压、温、湿、风、含水量等要素的三维结构、演变和降水分布的完整资料。这为深入研究我国强对流天气系统所涉及的诸多基础性、关键性的理论问题提供了依据。

目前，科研人员正对相关监测资料进行分析、研究，应用数据库建立一套有能力模拟和预测我国强暴雨系统发生、发展的数值模式的理论和方法，同时建立包括三维速度、气压、温度和湿度场等基本要素在内的中尺度变量场，以形成新一代强暴雨数值预报模式，提高我国对中尺度气象灾害的短期和临近预报水平，增强我国防灾、减灾的总体能力，为国民经济的可持续发展和人民生命财产的安全提供保障。

瓶中信与海流

在海边住的人经常会捡到从很远的地方漂来的瓶子,有时里面埋藏着很重要的信息。1856年9月23日,美国豪华巨轮“太平洋”号载着两百多名旅客离开了英国利物浦驶往纽约。然而,“太平洋”号却始终没有到达目的地!直到100年后有人捡到一只瓶子才知道船遇难的具体地点——非洲好望角。

随着对海洋认识的提高,各国都认识到科学系统地了解海流是非常重要的事情。中国很早就开始系统地对海流进行研究。

在海洋局北海分局的帮助下,我们也登上了一条考察船,去看一看科学家怎样收集海流信息。在船上我们首先就注意到这个大家伙,它就是这次观测的主要设备,它会和一个吊车连接在一起。吊车的钢缆可不是普通的钢缆,而是一种可以传递海底信息的通讯电缆。

当考察船到了预定海域之后会停下,放下探测器对海底的海水进行采样,测量海水的温度、盐度等水文数据。这些数据会通过电缆传送到计算机中,计算机会分析这些数据。

每到一个地点,科学家都会进行数据采集的工作,而计算机会将采集到的数据加以分体,并同以前的数据进行比较,而后通过卫星直接发送回计算中心。

对海水温度、盐度测量只是这次科考的一个部分,另外就是要对海水的流速进行分析。这是一个普通的测量流速的装置,它的内部有一个微型测速器,可以将流速保存下来,以便进行数据的整体分析。

为了获取第一手数据,有很多科学家就要在科考船

海流

海洋里那些比较大的海流,多是由强劲而稳定的风吹刮起来的。这种由风直接产生的海流叫做“风海流”,也有人叫做“漂流”。由于海水密度分布不均匀而产生的海水流动,称为“密度流”,也叫“梯度流”或“地转流”。海洋中最著名的海流是黑潮和湾流。

上数月工作，与茫茫的大海做伴。但是，自从有了卫星遥感技术以后，实地考察的效率大大地提高了，而且遥感技术还能通过卫星对海面进行大面积的数据采集，它使得科学家可以更宏观地对实地考察的海域进行分析。

卫星遥感信息中心不仅负责卫星遥感的数据分析，还将实地观测的数据和卫星采集的数据进行比对，从而得到更准确的数据，这些数据会变成我们在电视上看到的海浪预报、潮汐预报等关系到千家万户的重要信息。为了使人们能更准确快速地得到这些信息，我国自行研制的海洋卫星将于今年发射升空。

尽管今天的技术依然无法完全知道海流的全貌，但是我们还是可以简单地告诉您从“太平洋”号抛下的那只瓶子怎么从佛得角漂到美国的。

今天的海洋科学已经使我们远离了漂流瓶的时代，相信未来的海洋学必将带领我们进到一个更远更广阔的空间中。

人工湿地

在炎炎的夏日里，深圳市洪湖公园的管理员每天下午都要对园内的草坪和植物进行浇灌。这些用于灌溉的水有一部分是来自公园旁边的布吉河。

作为洪湖公园的湖水和公园灌溉用水的水源，布吉河是一条受到一定程度污染的河流，但是经过这些郁郁葱葱的植物后流出来的水已变得清澈纯净了。

水质的变化应该归功于由中科院水生所和深圳市环保研究所共同设计的人工湿地系统。

湿地是地球上具有多种功能的独特生态系统，它不仅为人类提供大量食物、原料和水资源，而且在维持生态平衡、保持生物多样性和珍稀物种以及涵养水源、蓄洪防旱、降解污染等方面均起到重要作用，被誉为“自然之肾”。

能不能把自然界中的湿地搬到受污染困扰的城市环境中去呢？于是科学家就根据自然界中的天然湿地降解污染的机理，研制出一种具有净化水质的人工环境，并把它叫做“人工湿地”。

所有人工湿地中的植物都有一个重要特点，就是发达的根系。因为在这样的根系中可以孕育丰富的微生物，而这些微生物把水体中的污染物质当做了美味佳肴。比如水里的有机氮可以被微生物分解成无机氮，而无机氮可以被植物吸收。这样污染物就变成了植物的肥料，变废为宝了。

基质、湿地植物和微生物是人工湿地的三种元素，这三种元素共同创造了一种环境，任何单一的元素都无法完成降解污染物质的任务。

人工湿地

是由人工建造和控制运行的与沼泽地类似的地面，将污水、污泥有控制地投配到经人工建造的湿地上，污水与污泥在沿一定方向流动的过程中，主要利用土壤、人工介质、植物、微生物的物理、化学、生物三重协同作用，对污水、污泥进行处理。其作用机理包括吸附、滞留、过滤、氧化还原、沉淀、微生物分解、转化、植物遮蔽、残留物积累、蒸腾水分和养分吸收及各类动物的作用。

基质为微生物的生长提供稳定的依附表面，为湿地植物提供载体和营养物质；湿地植物除直接吸收营养物质、富集污染物外，还为根区微生物的生长、繁殖和降解提供氧气，植物根系维持湿地水力传输；湿地微生物的活动降解污染物，并为植物提供了养分。它们之间相互依赖，相互扶持。

在每个湿地模型建立以后，水生所的科研人员会定期监控净化的成效，而且这种监控不仅仅是表面上的。在这个湿地模型中还埋有检测氧气浓度的仪器，这些仪器通过电缆连接到电脑中，从而得到地下微生物数据。他们会把处理前的水和经人工湿地处理过的水进行分析和比对，得到污染物质减少的具体数字。综合了这些观测数据后，科学家可以把人工湿地的模型加以完善，使它更加适应植物和微生物的生长，从而提高净化污水的效率。

人工湿地建设是一种基建投资低、运行成本低和维护费用低的“三低”生态工程污水处理技术，它不仅能绿化美化我们生活的城市，它还默默地为环保作贡献！

认识湖泊

我们生活在一个水的星球,海洋、河流、湖泊和大地共同构成了人类赖以生存和栖息的家园。有人说,湖泊是大地的眼睛。的确,尽管湖泊有各种形状,从高处俯瞰,它们像少女的眼睛,充满生机和灵气地镶嵌在大地的面庞上。

中国是一个湖泊众多的国家,面积大于1平方千米的湖泊有2 848个,总面积为80 645平方千米,占全国陆地总面积的0.8%。这些湖泊各具特色,或雄阔、或深秀;或奇伟、或妩媚。它们不仅给大自然增添了无限风采,而且还具有航运、防洪、灌溉、养殖等与人们生活息息相关的多种功能,大部分的淡水湖都直接向人们提供生活用水。位于长江中下游的鄱阳湖流域,鱼虾满舱、稻谷飘香,素有“鱼米之乡”的美誉,同时它还容纳四水、吞吐长江、调节洪水,对沿湖气候生态有重要作用。

可以看出,在人类生存和活动的地方,湖泊对人们的生活有着至关重要的影响,但同时人们也在改变着湖泊的面貌。

湖泊主要由湖盆、湖水,以及水中所含的物质共同构成。由于湖泊的形成受地形地貌的影响,大多处于地势低洼的位置,人类生产和生活中产生的大量的工业污水、生活垃圾、农田径流等污水都会最终汇入湖泊,自20世纪80年代中期以来,湖泊水质污染和富营养化也日趋严重,成为制约区域经济发展的心腹之患。

调查显示,目前全国大大小小的湖泊几乎都不同程度地受到污染。从近期一份对我国一百三十多个湖泊的调查资料中可以看到:严重的富营养化是我国湖泊面临

“

湖泊

陆地表面洼地积水形成的比较宽广的水域。按成因可分为构造湖、火山湖、冰川湖、堰塞湖、潟湖、人工湖等。按湖水盐度高低可分为咸水湖和淡水湖。

的首要问题；其次是有机物污染；另外，湖泊的沼泽化和老化也不容忽视。因此，如何保护湖泊水环境、探索湖泊污染的形成及其防治技术，成为湖泊科学研究面临的重要课题。

湖泊的污染问题不仅吸引了科学家的关注，也引起了我国政府的重视。1998年为治理太湖的污染，国家环保总局曾制定实施了限制工业污水排放的“零点行动”。这几年陆续在一些大的淡水湖建立了生态站，专门研究、试点，并推广治污科研项目。2001年3月，原国务院副总理李岚清同志为此对科技部做了批示：“解决内陆淡水湖的污染问题，是保护环境和生态的一大难题。不管怎样主要还要靠科技……”

我国经济处于高速增长时期，在今后相当长的一个时期内，深入探讨如何合理利用和保护湖泊资源，是我国湖泊流域经济可持续发展的重要基础。

认识湿地

你知道什么是湿地吗？湿地，不就是那些不长庄稼，专长野草和芦苇的沼泽地吗？不错，这是老百姓对湿地概念的基本反映。可你千万不要小看这些长满野草和芦苇的沼泽地，它的作用可是太大了。湿地是地球上重要的生态系统类型，它介于陆地与水体之间，兼有水陆两者的生态功能。

红军两万五千里长征经过的草地，当时给革命带来无穷的灾难，那时候没有人认为它有什么价值，更说不上它的巨大生态与环境功能了。

那么湿地科学上的定义是什么呢？湿地科学上的定义是这样的："不问其天然和人工，长久或暂时性的沼泽地带，带有静止或流动或为淡水，半咸或咸的水体，包括退潮时水深不超过6米的海域。"这些都称做湿地。

湿地的范围真是太广泛了。

是的，通俗点讲湿地就是水的家。水是导致湿地的形成、发展、演替、消亡与再生的关键。所以无水就不称其为湿地。在我们居住的这个蓝色星球上，森林、海洋和湿地被列为地球的三大生态系统。

湿地是自然界最富有生物多样性的生态景观。据统计，世界上90%的人口都居住在河谷、盆地和三角洲。所以湿地是人类最重要的生存环境之一。

这样说来湿地是太重要了。那么中国有多少湿地呢？中国湿地面积为6 594万公顷，这里不包括江河面积，约占世界湿地面积10%，居亚洲第一位。

中国是世界上湿地最丰富的国家之一，湿地类型特别多，有世界上独具特色的青藏高原湿地，有亚热带和热

湿地

指不问其为天然或人工、长久或暂时性的沼泽地、湿原、泥炭地或水域地带，带有或静止或流动，或为淡水、半咸水或咸水水体，包括低潮时水深不超过6米的海域。

带湿地。

可以说，从寒带到热带，从沿海到内陆，从平原到高山都有湿地分布。

中国湿地类型大致可分为沼泽湿地、草甸湿地。红军长征走过的草地就是典型的草甸湿地。中国湖泊众多，分布区域广泛，所以是重要湿地类型。中国河流纵横，在湿地中占有一定地位。海岸滩涂湿地，包括红树林湿地等。中国还有很多水稻田、水库等人工湿地。这么多类型的湿地构成了多姿多彩的中国湿地景观。

多年来中国的湿地保护和合理利用取得了显著成绩。中国有7个湿地自然保护区已被列入国际重要湿地名录。我国政府1992年正式签署了《关于特别是作为水禽栖息地的国际重要湿地公约》，简称《湿地公约》，成为该公约的缔约国。目前，全国有湿地自然保护区289处。我国政府每年还安排一定的资金用于湿地保护，使湿地自然保护区的基础设施得到改善。

这些保护区有效地保护了自然生态系统和湿地资源，保护了当地物种的多样性，为开展科研、教学和发展当地经济创造了有利条件。

珊瑚礁是热带海洋最具特色的生态系统，是一种重要湿地。我国于1990年建立了第一个珊瑚礁自然保护区——三亚珊瑚自然保护区。南海是中国唯一的热带海区，这里珊瑚礁星罗棋布、生物繁多。这五彩斑斓的珊瑚礁景观令人目不暇接。

人人都知道地球上有了水才有了生命。由于湿地是处于陆地生态系统和水生生态系统之间的转换区，很多水生的动植物都是通过湿地而走向陆地，所以人们将湿地称作物种多样性的摇篮。

湿地有很多功能，它是天然的蓄水库，湿地中一部分沼泽水停滞地表形成地表积水，而另一部分蓄贮于沼泽植物体中。这些沼泽植物的草根层都充满大量水分，所以，说它是蓄水库一点也不夸张。

湿地还能排除有毒物进入水体。生态系统的许多有毒物都是吸附在小沉积物的表面上。在湿地中，较慢的水流速度有利于沉积物的下沉。所以，人们又把湿地称为自然之“肾”。

湿地还可以调节和控制洪水，像我国的长江，每年在汛期都将过量的水流到湖南的洞庭湖和江西的鄱阳湖，这样就避免了长江下游的洪水泛滥。

湿地还能调节气候。大面积的淡水湿地可以诱发降雨，从而影响地方小气候。所以一般有湿地的地方，气候都比较温和湿润。

湿地植物是湿地生态的第一生产力。植物的生产量维持着湿地生态系统的正常运转。湿地植物具有种类多,生物多样性丰富的特点。据统计,我国湿地高等植物约有172科，495属，1 642种,这是一个多么丰富的水生植物世界!

有了湿地植物才构成湿地的基础食物链。湿地的微生物和浮游生物十分丰富,这样就为鱼、虾、螃蟹等各种小动物提供了充足的饵料。湿地的这些小动物又为鸟类提供了食物来源。所以湿地鸟类极其丰富,特别是水禽。据统计我国有水禽257种,主要是鹤类。全世界有鹤类15种,中国湿地鹤类就占了9种。这些白鹭、苍鹭、大雁、红嘴鸥、棕头鸥、白鹳、黑鹳等都离不开湿地生存环境。湿地还有许多珍稀濒危物种。

水草丛生的湿地环境因为隐蔽性好,又有充足的食物来源,所以很多鸟类都在这里“盖房子”生儿育女,繁育后代。在阳光明媚的春天,在湿地到处可见整天忙碌、不辞辛苦的鸟妈妈,有的外出觅食,有的在精心照顾儿女,湿地真是充满生机的鸟的乐园。

丹顶鹤是中国主要珍禽之一,古时候人们遐想它是“神仙”的坐骑,所以又叫它仙鹤。画家们常把松鹤画在一起作为松柏常青延年益寿的象征,而实际上丹顶鹤是湿地的珍禽,而不是栖息在森林中的鸟类。

这是当今世界上最濒危的涉禽——朱鹮,朱鹮在历史上曾广泛分布于中国、朝鲜半岛、日本和俄罗斯东部。在20世纪五六十年代,由于大量使用农药和环境恶化等原因,种群急剧下降,并在很多地区先后灭绝。

朱鹮不是候鸟,它在树上筑巢,在周围水稻田觅食。现在我国朱鹮数量由原来的7只增加到248只。我国政府在朱鹮主要活动区域恢复天然湿地和建立人工湿地,以满足日益扩大的朱鹮种群觅食的需要。

这种珍禽名叫黑颈鹤,黑颈鹤冬天飞往温暖的云南和贵州越冬,每年五月份又飞往青藏高原繁衍后代。黑颈鹤是鹤类中唯一的高山种类,它的繁殖地都在海拔3 500米～5 000米的青藏高原。黑颈鹤比丹顶鹤更稀有,是国家重点保护的鸟类。

湿地是我国最重要的旅游胜地,风景如画的湿地景观真是美不胜收。湿地一直默默无闻为地球为人类作出贡献,让我们充分认识湿地的生态功能和生态价值,学会尊重湿地、爱护湿地和保护湿地。

神秘的生命起源

原始大气

大约在50亿年前，大气伴随着地球的诞生神秘地“出世”了。也就是拉普拉斯所说的星云开始凝聚时，地球周围就已经包围了大量的气体。原始大气的主要成分是氢和氦。当地球形成以后，由于地球内部放射性物质的衰变，进而引起能量的转换。这种转换对于地球大气的维持和消亡都是有作用的，再加上太阳风的强烈作用和地球刚形成时的引力较小，使得原始大气很快就消失掉了。

一、生命从哪里来

在我们居住的这个美丽的浅蓝色星球上，繁衍生息着十几万种微生物，三十多万种植物和一百多万种动物。人们不禁要问，如此丰富多样的生物最初是从哪里来的呢？

科学家研究发现，今天我们地球上的生物，无论大小，都是由细胞组成的。细胞里与生命活动有关的主要是一些结构复杂的生物分子，这些生物分子是怎样起源的呢？故事得从地球的诞生讲起。

那是在大约50亿年前，宇宙中一团弥漫的缓缓转动的气体尘埃云形成了原始太阳系。到了47亿年前，原始太阳系里一些气体尘埃云又凝聚形成了最初的地球。刚刚诞生的地球十分寒冷、荒凉，没有结构复杂的物质，当然也不会有生命。生命是随着原始大气的诞生开始孕育的。

在早期太阳系里，一些处于原始状态的天体频繁与幼小的地球相撞。这一方面增大了地球体积，另一方面运动的能量转化为热能贮存在了地球内部。撞击不断地发生，地球内部蓄积了大量热能。地球的平均温度高达几千摄氏度，内部的金属和矿物变成了融融的炽热岩浆。岩浆在地球内部剧烈运动着，不时冲出地球表面形成火山爆发。在原始地球上，火山爆发十分频繁。随着火山爆发，地球内 部一些气体被源源不断地释放出来，形成了原始大气。不过，这时的地球上仍然没有生物分子。

在以后的岁月里，由于日积月累，原始大气中的水蒸气越来越多，地球表面温度开始降低。当降低到水的沸点以下时，水蒸气就化作倾盆大雨降落到了地面上。倾盆大雨不分昼夜地下着，形成了最初的海洋，这为生命的诞生准备了摇篮。那时地球表面的温度仍然很高,到了大约36亿年前,海水的温度已降为80℃左右。然而在此之前,原始生命就已悄悄孕育了。

生命的诞生与原始大气十分有缘。据推测,原始大气的主要成分是一氧化碳、二氧化碳、甲烷、水蒸气、氨气。这些简单的气体分子要想成为生物分子,就必须变得足够复杂。

合成复杂物质是需要消耗能量的。值得庆幸的是,在原始地球上有各种形式的能量可供利用。首先,原始大气没有臭氧层,阳光中的紫外线可以毫无顾忌地进入大气,这为地球带来了能量。其次,原始大气中会出现闪电,闪电是一种能量释放现象。再次,原始地球上火山活动频繁,火山喷发可以释放大量热量。

简单的气体分子在吸收了能量之后,它们会变得异常地活泼,进而产生化学反应,形成复杂的(生命)物质。美国的科学家米勒是第一位模拟原始地球的大气的条件成功地合成出复杂物质(生命)的科学家。

二、生命怎样诞生

米勒设计了一套玻璃仪器装置。球形的玻璃容器里模拟的是原始地球的大气,主要有氢气、甲烷和氨气。在实验过程中,需要把烧瓶里的水煮沸,这模拟的是原始海洋里的蒸发现象。球形的电火花室里外接有高频线圈,使电极可以连续火花放电,这模拟的是原始地球大气中的放电现象。放电进行了1周,让米勒惊喜的是,实验中产生了多种氨基酸。

氨基酸和核苷酸是动植物体内普遍存在和最最重要的两种生物小分子,它们是建造生命大厦的砖块和石头。

由不是生物体基本结构单元的无机小分子演变为生物小分子,这无疑是生命进化过程中至关重要的一步。但是,由于生物小分子毕竟过于简单,只有它们演变成更为复杂的生物大分子之后,才能导致生命的诞生。

在原始地球上,自然合成的氨基酸和核苷酸随雨水汇集到湖泊海洋里。矿物黏土把这些生物小分子吸附到自己周围,在铜、锌、钠、镁等金属离子催化下,许多氨基酸分子通过脱去水分子而连接在一起,形成更为复杂的分子,也就是蛋白质分子。同样,许多核苷酸分子可以通过脱去水分子而连接在一起,形成更为复杂的分子,也就是核酸分子。

核酸是生物的遗传物质,生物体生长、繁殖、行为和新陈代谢的信息就包含在核酸分子里核苷酸的排列顺序中。可以说,每一种核苷酸排列顺序都是一篇记录着生命信息的文章,书写的文字就是核苷酸。核酸是生命的信息分子，对于生命是绝对重要的。然而，核酸的功能却是通过蛋白质来实现的，就连核酸本身的复制都需要蛋白质参与。

原始地球的湖泊海洋里出现了核酸和蛋白质以后，也许有人认为生命从此就诞生了。因为自然界中一些病毒就是由核酸和蛋白质组成的，而类病毒就更是简单得可怜，只是一个核酸分子，这个核酸分子能侵入植物细胞并使植物得病，马铃薯纺锤状块茎病就是这种类病毒感染的结果。

病毒和类病毒只能在活细胞内生存繁殖，至于是不是一种生命形式，目前还存在争议。

生物为了适应环境，在进化过程中，它必须从简单到复杂、从低级到高级在这样一个过程当中进行演化，而一个简单的分子，在传宗接代过程中是无力把其他物质聚集在自己周围的，它必须形成具有一定结构的复杂形态的实体。

在原始海洋里，随着时间推移，自然合成的生物大分子浓度越来越高，最终形成了具有一定形态结构的分子实体，并进一步进化为最原始的生命。

三、遗传物质的进化

众所周知，核酸是当今地球上所有生物的遗传物质，它携带着生命信息，又能自我复制。核酸有两种：一种是核糖核酸，又叫RNA，在RNA病毒和类病毒中，RNA携带着全部生命信息；另一种是脱氧核糖核酸，又叫DNA，它是目前绝大多数生物的遗传物质。

种种迹象表明，原始地球上首先出现的复杂分子可能是RNA，为什么这样说呢？首先，RNA分子比较简单，只有一条链，DNA分子却很复杂，有两条链，按照进化规律，简单的分子总是最先出现。其次，DNA分子自我复制时离不开酶，酶的本质是蛋白质，在原始地球上，在蛋白质没有产生以前，DNA分子是无法完成自我复制的。然而，有些RNA分子本身就有酶的活性，在原始地球条件下，即使没有蛋白质，RNA也可以完成自我复制。

在生命起源中，RNA先发生的学说能够被科学界更多的学者所接受，但是要想真正地证明RNA是最早发生的遗传物质，还存在很多的问题，最大的问题是，要想在模拟原始的条件下合成RNA非常困难。

长期以来，人们总以为只有核酸才是遗传物质，近年来生物学家发现，疯牛病、疯羊病的病原体是朊病毒。朊病毒的本质是蛋白质，可以自我复制。这启发人们，蛋白质也可以作为遗传物质。

其实，和核酸一样，蛋白质的分子结构十分规则，而且也有螺旋结构。科学家长期研究后发现，蛋白质完全具备遗传物质的条件，能够贮藏、复制和传递生命信息。

我们知道，蛋白质是由氨基酸组成的，通过氨基酸和氨基酸配对，可以把遗传信息传递给下一代。

通过实验，刘次全研究员提出了氨基酸的配对模型，并且在此基础上，绘出了一张很有特色的遗传密码表。在原始地球上，最早能够进行自我复制的分子可能是蛋白质，那时的蛋白质既能贮存或传递遗传信息，又能执行特定的生物学功能。对于原始生命来说，蛋白质的这种性质是十分经济的。后来随着生命进化，蛋白质贮存或传递遗传信息的功能交给了RNA。然而RNA不够稳定，随着生命继续进化，又出现了DNA，DNA是后来才出现的遗传物质。

DNA作为遗传物质的好处是：第一，DNA的某些部位与RNA相比，少了氧原子，氧原子是非常活泼的，这样DNA更加稳定，能够更好地保存生命信息。第二，RNA是单链，如果受到损伤，生命的信息势必丢失，DNA则是双链，一条链发生损伤后，可以根据另一条链进行修复，生命信息不易丢失。因而，今天地球上的生命选择了DNA作为遗传物质，这也是生物在自然界中长期进化的结果。

四、最古老的原始生命

研究人员发现，溶解在水中的生物大分子，在一定浓度、温度和酸碱度条件下，可以聚集成小颗粒，这种小颗粒就是著名生命起源学者奥巴林所说的团聚体。奥巴林认为，在原始海洋中首先产生的形态实体就是这种团聚体，他的理论称为团聚体生命模型。

然而用于团聚体研究的大分子物质都是通过生物合成的，在这种情况下也不可能完全遵循古地质条件下的进化情景。因为模拟地球原始条件下，到目前为止，还没有能够成功地通过非生物的途径合成出当今的生物大分子。

相比之下，微球体生命模型可能更接近生命诞生之初的进化情景。模拟原始地球的火山环境，科学家合成了一种类似蛋白质的物质，把这种物质溶解在沸腾的盐水或水中，冷却后溶液中形成了大量小球。这种小球就是美国科学家弗克斯所说的微球体。微球体结构稳定，大小跟细胞相似，具有细胞那样的膜，也能以出芽方式繁殖……表现出了原始的生命活性。这说明微球体可能就是今天地球上所有生物的共同祖先，那么到底是不是这么回事呢？

形形色色的细菌是现代细胞中最简单的，又是目前地球上能够独立生存和繁殖的最原始生物。我们不妨把微球体和大肠埃希菌作一下对比。微球体是从一端出芽进行繁殖，大肠埃希菌则是从中间分裂进行繁殖；大肠埃希菌在分裂前首先进行遗传物质复制，把完全相同的一份生命信息传到子代中去，保证孩子和父母具有完全相同的血缘，微球体则是空泡，里面根本没有遗传物质。

实际上，微球体是在实验室里面相对容易制得的，但是生命在地球上是经过亿万年的漫长历史才能诞生的。因此，我们试图在实验室里面一步登天地获得原始的生命，这本身就不太可能。

尽管人们还不清楚最原始的生命究竟是什么，但是生命在刚刚诞生的时候结构是极其简单的，甚至还没有细胞结构，经过了相当漫长的进化，才诞生了具有细胞结构的细菌。

夏弗（国际生命起源协会主席）：地球上最古老的生命证据是在澳大利亚西部发现的，就在澳洲大陆西北角。

澳洲大陆是地球上最古老的大陆，在那里我们可以找到原始生命留下的蛛丝马迹。在西海岸的一个海湾里，有一些很像脚踏石的石头，摸起来又软又黏，是生活在上面的藻类形成的，叫叠层石。这是35亿年前形成的叠层石，上面布满了蓝绿藻。它们的样子很像发菜，是目前发现的最古老的原始生命。

五、生命与大气层

过去人们一直认为，生命是在原始海洋表面诞生的。然而，在生命诞生的时候，大气中还没有臭氧层，阳光中强烈的紫外线可以直接照射到地球表面，稚嫩的生命怎样躲过紫外线这个无孔不入的杀手，迄今还是一个谜。

厄瓜多尔海岸的加拉巴戈群岛是达尔文创立进化论的地方。在那里，研究人员潜入了海底的火山缝，发现在喷出的温泉附近有大量奇异生物，大为惊讶，火山口充满了红色的多毛虫，大螃蟹以细菌为食，高热产生的化学物质则是细菌的美餐。这个奇特的海底世界不禁使人联想起，原始生命可能就诞生在海底。

在原始地球上，海底已具备了生命诞生的条件，海底的硫黄、氢气、甲烷、二氧化碳为生命的诞生提供了物质条件，海底火山爆发产生的热量为生命的诞生提供了能量，而且厚厚的海水挡住了阳光紫外线对原始生命的伤害。

后来，人们找到了更多的生命在水下极热环境中生存的证据。在太平洋海底2 600米深的地方，研究人员发现了一股上喷的火山涌泉。这里的温度高达350℃，然而竟然也发现了细菌群落。

在我国云南西部边陲的腾冲县，有个叫“热海”的著名旅游区。这里有多处滚烫的热泉，一年四季不停喷涌着，到处热气缭绕。其中最吸引人的是大滚锅，里面因溶解有矿物质而呈现美丽的蓝色。热泉水表面温度高达100℃以上，然而就是在这样令人胆战心惊的环境里，也发现了大量极端嗜热的细菌。

在美国，科学家从滚烫的热泥浆中发现了一种叫嗜硫菌的微生物，直径稍大于千分之一厘米，看起来细菌似乎能自由游动。实际上，这是细菌周围的水分子在推其运动。电子显微镜显示，这些细菌的细胞不含细胞核，显得古老而原始。

在北极，科学家们在一些不起眼的岩石中发现了遥远的过去的生命。显微镜下隐约可见的是放大一千多倍的蓝绿藻，它们保持着35亿年前的本来面貌。看起来，细胞结构复杂，生活状态十分正常。

这种充满了生命的神奇的石头叫叠层石，不仅澳大利亚有，在美国、南非和世界其他地方也有。尽管年代久远，但是叠层石上蓝绿藻的痕迹还是清晰可见，说明这种生物在当时的地球上是相当普遍的。

蓝绿藻的繁盛产生了大量氧气，这深刻改变了大气成分，使原始大气中诞生了臭氧层，挡住了阳光中的紫外线杀手，生命得以在海洋表面繁衍和生息，同时大气层就像穿在地球身上的厚厚外衣，使照射到地球表面的太阳光不至于散发出去，给生命以温暖。正是由于大气层细致入微的呵护，摇篮里的生命才得以生存下来。

六、生命会不会来自太空

早在1907年，著名瑞典化学家阿累尼乌斯提出，生命的种子在宇宙中广泛存在，第一批地球生命可能来自天外。

到了1968年，科学家们在太空中发现了星际分子。有的星际分子在适当条件下可以转化成氨基酸，而氨基酸是生命的基础分子。这使更多科学家投身到星际分子观测研究中来。

到目前为止，天文学家在星际云中共发现了一百多种分子，而且在银河系中心附近正在形成恒星的云中，还发现了最简单的氨基酸——甘氨酸，这些新奇发现大大激发起了人们探索天外生命的热情。

天外来客陨石的研究则从另一个方面证明了太空中存在生命的可能性。我们的地球每天接收数吨来自地球之外的宇宙物质，这些物质进入大气层摩擦生热而化为灰烬，但是大的陨石会冲进大气层，来不及完全燃烧而砸向地球。

陨石坑是地球接收天外物质的最好证据。陨石有石质的，也有铁质的，还有一种陨石叫碳质球粒状陨石，在地球上十分稀少。有人认为它是由小行星碎片组成的，因为含有较高的碳而呈黑色。在碳质球粒状陨石中发现了极其丰富的生命物质,其中就有氨基酸。

彗星的研究似乎更为诱人。早在1864年,著名宇宙化学家哈金斯利用光谱观测就已推测出彗星中含有像石油气的成分。他说,彗星虽然像狮身人面兽那样狡猾,但是终于泄露了它的秘密。著名荷兰天文学家奥尔特则说,在太阳系外缘有一个彗星仓库,由原始星云形成的彗星处于太阳和其他恒星之间。

彗星由于运行轨道不规则,往往像飞蛾扑火那样撞击太阳系天体。1994年夏天发生的极其壮观的天象给了人们深刻印象。一颗名为苏维克—利维9号彗星,按照天文学家的事先推测,如期撞击木星。这次规模宏大的星体撞击被媒体戏称为“世纪之吻”。

彗星是茫茫宇宙中极为普通的天体,法国天文学家开普勒说,“天上的彗星就像水中游鱼一样数不胜数。”

相隔76年后,1986年哈雷彗星又进入内太阳系,使科学家们能够再次一睹神秘的彗星真面目。在这次观测成果的基础上,科学家们提出了彗星尘埃模型,认为彗星是由约1微米的颗粒组成。中心是硅酸盐,外面包裹着25%的有机物,再外面是水、冰、自由基、各种粒子。正是这些物质进入地球,为地球生命起源准备了丰厚的物质条件。

有人断言,在大约45亿年前,宇宙中流浪的彗星不小心撞击到地球,地球用了1亿年时间,把数千度高温降下来,又过了数百年,彗星带来的生命的种子萌发出了第一批既能繁殖又能变异的细菌。

七、外星生命探索

地球上生命来自外太空的说法与外星生命的探索息息相关,近几十年来,人类开始认真、系统地寻找地球以外生命的踪迹。

在太阳系里,水星上白天的温度高达400℃,是一座名副其实的大火炉。在这样残酷的高温下,是不大可能有生命的。金星由于包裹着一层稠密的以二氧化碳为主的大气层,白天黑夜的温度都在400℃以上,整个星球是难以想象的闷热,存在生命的可能性也不大。

种种迹象表明,在火星上极有希望找到生命,从20世纪60年代开始,苏美发射了几十颗火星探测器,掌握了火星十分丰富的资料。但是迄今为止,没有发现任何生命形式。

火星飞船生物实验的结果只能说明取样点没有生命,但是取样点并不具有代表性,也许在地面之下、在低洼潮湿地区和冰雪覆盖的两极地区具有原始形态的生命。

从近年来宇宙飞船拍摄的照片看，火星表面有大量树枝状的河谷，水流的痕迹清晰可见。科学家认为，在几十亿年前火星上曾发生过特大洪水，那时候的火星气候温暖潮湿。2000年6月份美国宇航局最新公布的照片上，火星土壤中水流过的痕迹十分明显，水可能起源于地下的泥浆喷发。太空生物学家认为，现在的火星上很可能生活着像细菌一样原始的生命。

在远离太阳的土星、木星以及其他行星上，由于温度实在太低，存在生命的可能性也不大，但是在这些行星的卫星上却有希望找到生命。

木星的第二颗卫星，也就是木卫2欧罗巴星球，它的表面覆盖着厚厚的冰层，温度约在零下120℃左右，冰层的年龄大概有数百万年。伽利略号太空船发回了一组欧罗巴星球南半球的最新照片，科学家认为棕色延伸的线状山脉可能是冰冻的火山，它是当水或部分凝固的冰从欧罗巴星球地下喷到地表时，在极其低温的情况下快速冷冻形成的。

尽管欧罗巴星球是一个冰天雪地的世界，但在木星及其邻近卫星的潮汐力加温作用下，欧罗巴星球地表下的海洋可能仍呈液态。科学家根据伽利略号太空船最新采集的磁场数据推测，欧罗巴星球上的海洋可能深达6.4千米到96.5千米，水的成分和地球上的海水差不多。

假如这个遥远的星球上果真有生命的话，生命可能从海底的火山喷发中获得能量，这就像地球上海底的火山附近可以栖息着生命一样。另外，美国科学家不久前宣布，在土卫6泰坦上发现了海洋，跟地球上海水形成的海洋不同，这里的海洋是汽油形成的，主要成分是液态的甲烷、乙烷和其他碳氢化合物，这些小分子吸收能量后可以相互连接在一起，从而形成复杂的有机分子，直至生命的诞生。

至于在太阳系以外，存在生命的前景就更加广阔了。天文学家在太阳系以外已经发现了五十多颗行星，其中仙女座的伊谱赛龙星至少有3颗行星。在这些围绕着类似太阳的恒星运行的行星上，有的可能就栖息着生命。

地球人一直在寻找地外生命。智利北部的阿塔卡玛大沙漠，层峦叠嶂的山区海拔5 000米。2001年，美国和欧洲在这里开始建造大型毫米阵列望远镜，包括64个12米宽的无线电望远镜，接受波长介于红外线和无线电之间，阵列最大直径可达10千米，这将是世界上最大的射电望远镜，建成后将是地球人搜寻宇宙生命的有力武器。

相信，在浩瀚的宇宙中，我们的地球决不是绝无仅有的，地球上的生命也不是宇宙中的孤儿。

世界屋脊的湿地

“

青藏高原湿地

水源主要来自雪山、冰川这座固体水库。其次来源于天空降雨和地下水。

青藏高原独特的水源、复杂的地貌结构，使这里江河纵横。所以河流湿地在这里占有一定位置。青藏高原上还有星罗棋布的湖泊湿地。在青藏高原还分布着广袤无边的草丛湿地。草丛湿地是在河湖影响范围之外，地表水过湿或被水体覆盖并以草类为优势植物的湿地。在青藏高原湿地类型中，还有一个独特的家庭，那就是森林湿地。青藏高原森林湿地主要分布在藏东南地区。这里山势险峻，降雨量大，寒冷潮湿。这样的地势和气候，有利于森林湿地的发育。青藏高原上湿地面积达75万公顷。

你可曾想到，雄伟的青藏高原在远古时却是一片大海，是海陆巨变和大陆板块的撞击，才形成了具有“世界屋脊”和地球第三极之称的青藏高原。长期以来，青藏高原以其自然历史发育年轻、丰富多彩的自然景观以及对周围区域的巨大影响，强烈地吸引人们去密切关注。

我们生活的蓝色星球在亿万年前大陆是连在一起的。后来大陆板块支离破碎，分离出各大洲。作为地球六大板块之一的印度板块向北漂移，时至1亿多年前的白垩纪中期，印度板块与欧亚大陆板块相撞，并嵌入欧亚板块之下，使喜马拉雅山隆起，实际上是这片年轻的陆地，距今240万～340万年前，青藏高原才进入强烈的隆升时期，成为地球上最高而又最年轻的高原。

青藏高原湿地水源主要来自雪山、冰川这座固体水库，其次来源于天空降雨和地下水。

青藏高原独特的水源、复杂的地貌结构，使这里江河纵横。所以河流湿地在这里占有一定位置。我国的长江、黄河、怒江、澜沧江的源头都在这里。

青藏高原上还有星罗棋布的湖泊湿地。由于青藏高原谷地纵横，盆地陈列，这些巨大的负地貌空间为湖泊发育提供了优越条件。

青藏高原的湖泊以成群分布为特点。地理学家将它称为“自立门户”和“独成一家”。青藏高原上湖泊总面积约3万多平方千米，约占全国湖泊总面积的2/5。

在青藏高原还分布着广袤无边的草丛湿地。草丛湿地是在河湖影响范围之外，地表水过湿或被水体覆盖，并以草类为优势植物的湿地。草丛湿地在青藏高原分布极广，由于这些草本植物适应性强，所以它成为高原湿地的主体。

在青藏高原湿地类型中，还有一个独特的家庭，那就是森林湿地。青藏高原森林湿地主要分布在藏东南地区。这里山势险峻，降雨量大，寒冷潮湿。这样的地势和气候，有利于森林湿地的发育。

由于高原湿地的存在，才使高原万物竞生，才使这壮美的高原充满了生机，充满了生物多样性。

这块巨大的高原，成为地球上独特的基因库。人们曾设想过，青藏高原上假如没有湿地，就没有这喧闹的世界。

据调查，青藏高原上湿地面积达75万公顷，在这里不论是河流谷地，湖泊洼地，还是山麓平原，都有斑斓夺目的湿地景观。人们将湿地称做青藏高原光彩夺目的一披彩衣。

九寨沟风光不知醉倒了多少游客。这是一个梦幻般的世界，这是一个神话般的世界。人们不仅要问九寨沟的风光为什么这么美，科学家们回答，是湿地铸就了九寨沟风光之魂，是湿地编织出九寨沟艳丽多姿的花环。科学家们赞叹，九寨沟在世界湿地中实属罕见，堪称是青藏高原上湿地的一座精品"博物馆"。

在九寨沟，青藏高原上各种湿地类型你都能看到。九寨沟不但有众多的湖泊，还有河流、森林等类型湿地。这里的森林湿地虽然没有湖泊湿地和河流湿地那样美仑美奂，但却别具一格。

九寨沟的草丛湿地在这里也算是大家族了。茂盛的水生草本植物构成一个庞大的植被群落。这些种类繁多的植物群为九寨沟增添了难得的生态美。

人们会问九寨沟的水为什么这样纯净。这仰赖于良好的森林植被。毫不夸张地讲，九寨沟的水是一滴一滴经过森林过滤出来的。森林强大的过滤作用制造出这晶莹如玉的高山流水。如果没有茂密的森林，就没有这美不胜收的水景。

九寨沟的水还能呈现出五颜六色。这五颜六色的水是怎么形成的？水清则色美，不论是蓝天白云还是绿树奇石，都在水中相映成画。水下的各种植物也清晰得形色俱真。更令人惊叹的是，九寨沟水中有钙化结晶物铺底，再反射到水面，出现了五颜六色。

我们把水下摄影机伸向九寨沟的湖水之中，九寨沟的水透明度之高，令人惊叹。中国有句话叫"水至清则无鱼"，大家开玩笑说："当年创造这句话的人肯定没来过九寨沟。"这里不仅水清，而且鱼多。九寨沟的鱼就好像在蓝天上遨游。

九寨沟有众多瀑布，那么这些瀑布是怎么形成的呢？九寨沟属高山峡谷地貌，水的落差达两千七百多米，这里断层错落，河谷布满阶梯，激流穿山涧而下，形成一道道壮丽的瀑布。

如果说九寨沟湖泊湿地是静态美，那奔腾的瀑布就是动态之美。

科学家们之所以将九寨沟列为青藏高原湿地生态的精品“博物馆”，除了这里湿地类型齐全外，还有些小景装点着这片神奇的高原湿地。九寨沟以它奇异的湿地之美而赢得了世界自然遗产的地位。九寨沟这块精美的青藏高原湿地生态，成为中华大地乃至世界的自然瑰宝。

青海湖是中国第一大湖。中国海拔最高的湖和最大的湖都在青藏高原。

青藏高原是我国湖泊分布最密集的地区之一。说青藏高原是湖泊湿地的世界毫不为过。据卫星遥感测算，面积1平方千米以上的湖泊就有1 091个，湖泊范围达44 993.3平方千米，成为地球上海拔最高范围最大的高原湖泊湿地景观。

为什么青藏高原会形成如此丰富的湖泊湿地？专家们认为，青藏高原在板块碰撞中，南北强烈挤压，造成巨大的山系与盆地呈纬向排列。这些盆地为湖群发育创造了条件。

我们对位于青藏高原东南部的高山湖碧塔海进行了水下摄影。在拍摄中我们发现，这些高原湖泊虽然水温较低，但仍然生长着茂盛的水生植物。有些植物还属于高原特有品种。

由于寒冷，水中浮游物很少。

青藏高原的湖泊有巨大的生态功能。湖水滋润了这里的一切生命。而有水就有沼泽，因而形成湖滨肥美的牧场。

这是西藏羊卓雍湖，湖边水草茂盛。在夏季人们将部分水草冲洗晾干，这些水草在冬季便成为牛羊最理想的饲料。

湖泊湿地同河流湿地一样，它为高原一切生命提供了宝贵的淡水资源。在青藏高原有很多地方河流极少，主要淡水资源都来自湖泊。

在青藏高原东南部的稻城县境内有三千二百多平方千米由古冰帽形成的高原湖泊，藏族人称之为“海子”。

青藏高原上的古冰帽区冰体呈大范围覆盖。冰下的差异侵蚀，便造成许多冰蚀洼地，它们积水便形成了湖群，这些湖群就是这样发育的。它们都属于冰川湖。

在冰川湖的周围生长着各种奇异的植物。这些生长在海拔5 000米左右的高山植物,因气候恶劣,很多物种都变异了。总体看这些冰川湖周围,植物种类还比较贫乏。

高原湖泊可以说是千姿百态,而它们都有如下几个共同点:一是湖盆发展受新构造运动控制,许多湖泊湿地的面积十分广阔。二是多为内陆湖,湖水主要来源是高山冰雪融水。三是湖泊面积不断缩小。这样湖泊湿地的水资源就愈显珍贵。

高原湖泊是青藏高原湿地的宠儿,高原湖泊湿地已成为高原上独特的生态系统。

在青藏高原发育有大片的森林湿地,森林湿地主要分布在我国藏东南的横断山脉。这里地貌属于高原温带向寒带过渡的高山带,年平均温度较低,年降雨量700 ~ 1 800毫米。这里云冷杉特别广泛,林下潮湿,造成灌丛和藓类十分茂盛,这样就构成了较广泛的森林湿地。

在森林湿地中,发育有各种类型,如云冷杉——泥炭藓类森林湿地。这种湿地特点是乔木下面有灌木丛生,地面有藓被层。还有水柳湿地,主要分布在河流的沟谷出口带。树木生长繁茂,形成一幅幅淡雅的图画。

森林湿地的水也是多种多样,有的是表层看不见,水蕴涵在苔藓层中,也有的水流呈薄层流过苔藓层。还有的流速较快,水在林中穿行而过。

我国青藏高原藏东南地区大片的森林湿地构成这里的良好生态环境。森林湿地能诱发降雨,能使空气过分潮湿,而这种潮湿环境有利于净化空气,提高大气质量。

这挂在树上毛茸茸的东西叫松萝。这种植物对生态环境要求极其苛刻,只有在空气特别潮湿和没有一点污染的情况下,才会出现。

森林湿地的生态功能强大,它具有乔木、灌木、藓类多层结构,造成很高的生产力。森林湿地具有很大的生态稳定性,对防止生态退化起着十分重要的作用。

人们把湿地比喻为地球之肾,把森林喻为地球之肺。那么森林湿地就兼有肺和肾的两种功能。它为生物制造了大量氧气,吸收了二氧化碳,过滤了空气,同时又净化了水体,维护着地球生态网络的健康,所以说森林湿地贡献十分巨大。

森林湿地具有独特的生物多样性。它的植物种类丰富,从高等的针叶林到低等的苔藓,以及寄生、附生植物极为丰富。

我国藏东南横断山脉的森林湿地在恶劣的第四纪冰期中曾是动植物的避难所。正是由于森林湿地涵养了水分，发挥着冷湿效应，才使高原湿地系统结构更加完善，功能更加强大。

当年红军长征时经过的草地——若尔盖这片沼泽给红军带来无穷的艰辛，可谁也没有想到它拥有巨大的生态功能。草丛湿地是青藏高原湿地的主体，整个青藏高原草丛湿地面积约有3万多平方千米。

在青藏高原，因海拔高，很多地方森林不能生长，所以只有适应性更强的草本植物生机盎然。在草丛湿地中都有厚度不等的泥炭层。在嫌气环境下，湿地植被不能彻底分解，它们与泥土等矿物质混合沉积，年复一年，便形成泥炭。

湿地是高原上肥美的牧场。高原上的牧场可分为：草原、草甸和湿地。每当早春，高原上的草原还没醒来，沼泽已经萌芽长叶。因为沼泽地水草丰盛，所以是牛羊最喜欢的地方。

草本植物为湿地优势植物，包括水生草本植物和湿生草本植物。这些植物根据适应水性的不同，各自占领一定的生态位。它们都具有自我调节能力，达到连绵不绝、生生不息。

高原上湿地形成的草本植物多达几百种。这些高原草本植物在有限的时间里要抓紧完成两项任务：一是繁育后代，二是积蓄能量，以迎接严冬的到来。所以每当进入早春就能看到百花盛开。

高原上的小花色彩格外艳丽，一是因为有强烈的紫外线照射；二是鲜艳的花有利于吸引昆虫，以达到传粉受精的目的。

草丛湿地的生产力特别高。如若尔盖地区达到每公顷产鲜草五千多千克，远远超过一般草原和草甸草场，在高原牧区中占有突出地位。

草丛湿地能诱发降雨，调节气候。人类活动使温室气体排放数量增加，但湿地能吸收大气中的二氧化碳。草丛湿地这种强大的生态效应是惊人的。

草丛湿地更是鸟类的乐园。由于草丛湿地兼有水和陆地两种生态环境特征，因此这里也是物种多样性的摇篮。

草丛湿地在青藏高原分布极广，从西部的雅鲁藏布江到东部的若尔盖草原都有大片草丛湿地。现在人们越来越认识到草丛湿地的重要性。草丛湿地这一青藏高原上湿地生态的主体，越来越显露出它不可替代的生态功能。

辽阔的青藏高原是地球上最高，也是最集中的江河之源。我国的长江、黄河、澜沧江、怒江、雅鲁藏布江等五条世界级的大河之源均在这里。高原上还吸纳无数条支流，形成河道纵横、水网庞大的河流湿地。

在青藏高原，尤其在藏东南地区，你能看到处处流水，到处都是水的花朵怒放的壮观景象。在这里你能深刻感受到什么是“千条小河归大海”，什么是水这朵自然之花的魅力。

人类的文明都发祥于壮阔的江河，而世界上95%的人口都居住在河谷、盆地和三角洲，河流是人类文明的摇篮。青藏高原中，有的河水湍急，有的河水平稳。在河流的平稳地带，都生长着乔木、灌木以及各种草本植物，形成结构有序的河流湿地植被。这里植物分布特点大多是呈带状沿河湾生长。在青藏高原的每一条河中，你都能看到这些高山裸鲤鱼。在河流湿地中这些叫不上名的小鸟随处可见。

在青藏高原你还能看到一大奇观，那就是在每一条江河旁边都发育有大片的原始森林。因为有河水的养育，这些原始森林都发育良好。这些遮天蔽日的原始森林像一条绿色的彩带装点着雪域高原。

河流湿地与草丛湿地总是相依相伴，在高原每一条河畔都发育有良好的草丛湿地。这些草本植物都依赖于河水的哺育。而草丛湿地又都是肥美的高山牧场。河流湿地是青藏高原分布最广泛的类型之一。河流湿地最大的特点是具有高度流动性，使之成为整个生态环境物质循环的大动脉，滋润着整个高原大地，成为一切生命的源泉。河流湿地蕴藏着多种宝贵资源，为人类提供水源、能源和宝贵的饲料，以及必要的农田。有了河流湿地才使人类能够在极其严酷的雪域高原繁衍生息。

被称做人间瑶池的黄龙也是中国乃至世界上最独特的湿地类型，专家们将它称为钙化湿地。这一道道田埂不是人工砌成的，而是大自然的造化。

黄龙位于藏东南地区松潘县境内，海拔3 700 ~ 4 000米。这里有大小不等的钙化彩池约三千四百多个，黄龙以独特的湿地景观成为国家级风景区，并登上了世界自然遗产的宝座。

那么什么是钙化呢？钙化是水中所含碳酸钙物质从水分离出来重新结晶又不断积累而成。

黄龙所处的位置，属于岷山山脉，这里碳酸盐类组成的灰岩地层十分发达，而这种灰岩属于泥质多的浅海相或海滨相沉积。因此，山上的水流非常容易溶蚀炭岩。水经过枯枝落叶时，这种碳酸钙质便分离出来，而形成钙化体。久而久之，这些钙化物便拦水成池。这些钙化物附在朽木残枝上，并将其包裹而成形态各异、晶莹剔透的景观。由于自然形成的原因，这里的钙化池都形态优美。

在黄龙，除了能看到众多的钙化池外，还能见到大量钙化滩、钙化床、钙化条、钙化舌等等。这高大的钙化墙是岁月留下的痕迹。据专家们推测，这些景观大约是在距今1万年内形成的。

人们惊叹：黄龙钙化湿地的水为什么这样透明？这是因为黄龙处于岷山山脉，属于高原寒温带湿润气候，这里雨量充沛、植被良好、土中含沙量低。可谓沙石不移、泥土不动。这些流水经过森林植被层的过滤，所以更为清澈。

黄龙因寒冷加上pH值较高，水生物贫乏。但你仍然能看到很多耐碱性的植物在水边生长茂盛。这些耐碱的植物有木本植物，而更多的为草本植物。大自然选择这些生命力顽强的植物生长在钙化池边，构成钙化湿地的生命交响曲。这就是："物竞天择，适者生存。"

这些喜欢碱性水的小灌木，在水边生机盎然。这类小灌丛大多为高山柳和高山杜鹃。而这些喜欢酸性的针叶林由于不适应碱性生存环境，而在水边死去。在这里，你能看到一种奇特的现象，凡是高大乔木，都与钙化池保持一定距离。

钙化湿地是我国藏东南地区一朵艳丽的小花，是中国乃至世界湿地景观的瑰宝。这种湿地类型在中国只发现黄龙一处，可以说它是中国湿地的珍品。让我们好好保护它，让这"千层碧水走黄龙"的湿地景观发挥它更大的湿地生态效应。

雄浑壮美的青藏高原，平均海拔在4 000米以上。高原上很多山峰终年被积雪覆盖。这里仿佛是一个无生命的世界。但实际上，生命依然向这冷酷的世界发起挑战。这狂奔的野驴是高原上的长跑冠军。藏羚羊是青藏高原上的珍稀动物。笨拙的棕熊也在锻炼自己的耐力。高原是个充满生命的世界。这些生灵在冰山雪岭之下依赖湿地这块风水宝地，构筑自己舒适的家园。

寒冷的高原水温较低，但在湿地，各种水生植物仍然生长茂盛。这些水生植物能产生浮游物，而这些浮游物又为水中各种鱼类提供饵料。这里的鱼主要是高原裂鳆鱼。由于高原水温低、微生物少、饵料不足，所以鱼生长速度缓慢。这种鱼需要10年左右才能长到500克的重量。由于不受捕捞的干扰，所以鱼的密度很大。

在青海湖鸟岛，每年大约有10万只鸟在这里举行盛会。每当春季，它们在这里"生儿育女"繁育后代。

高原湿地是黑颈鹤的故乡。黑颈鹤是中国特产的珍稀濒危鹤类，它是世界15种鹤类中最晚发现的一种。黑颈鹤，中国特有的高原鹤，它是典型的栖息于沼泽湿地的涉禽。每年的五月份黑颈鹤在青藏高原生儿育女。黑颈鹤家族兴旺与国家和居民保护密切相关。

居住在高原湿地还有一个大家族,那就是鸥类。这里最多的算是棕头鸥,还有鱼鸥、黑嘴鸥等。因为湿地丰富的鱼类资源供它们食用,所以各种鸥云集在这里,享受着湿地提供给它们的美餐。

春天的高原湿地是个生命世界,每天这里都有新生命诞生。依靠湿地生存的还有斑头雁家族。斑头雁的主要食物来源是依靠湿地中的植物嫩叶。尤其是春天,当大片草地还没吐绿的时候,湿地植物早已伸出嫩芽。据观察,每年春天,青海湖鸟岛就有上万只斑头雁在这里产卵,繁育后代。

在高原湿地中,各种鸟都有序地占领自己的领地。这家伙你别看它丑,千万别小看它,它可是鸟类中游泳和捕鱼的高手——它的名字叫鸬鹚。

有了湿地才使这寂寞的青藏高原成为一个喧闹的世界,这里是名副其实的鸟的乐园。

藏东南地区位于四川省稻城县境内的仙乃日雪山,藏族人称它为"神山"。位于西藏浪卡子县境内的羊卓雍湖,藏族人称它为"圣湖"。在青藏高原不知有多少这样的神山圣湖。在有山有水的地方都能看到这经幡飘扬。这是藏民族对天、地的尊敬和崇拜。藏族人自古就有崇尚自然的习俗,他们爱山、爱水、爱草木,他们十分珍惜大自然的恩宠和养育。

藏民族是逐水草而居的民族,只有湿地,特别是河谷、湖盆中的湿地,才是恶劣的高原环境中可供休养生息之地。

湿地空间能满足人类最原始、最简单的生活需求。据考证,在新石器时代,古人类在青藏高原活动的范围就相当广泛。随着历史的演化,由湿地动物野牦牛驯化而来的家牦牛成了高原民族的朋友。可以说高原民族食物来自湿地,身上穿的也来自湿地,就连遮风避雨的帐篷也是用牛毛织成的。高原民族是直接依赖湿地而生存,是湿地养育了这勤劳勇敢的民族,湿地是高原文明的发祥地。

在西藏自治区首府——拉萨,古老的布达拉宫与现代建筑相映成趣。这座闻名的高原城市,今天已成为全国重点旅游城市。在这涌动的人流中,人们感受到这座高原城市在物质生活上已经与内地没有多少差别。深沉的诵经声与欢乐的流行音乐融为一体,物质文明与高原文化相结合,为这雪域高原的繁荣奠定了坚实基础。

就在这座繁华闹市的后面,有一片鲜为人知的湿地,叫拉鲁湿地。这是目前世界上罕见的位于大城市市区的高原天然湿地。这片水清草绿的拉鲁湿地伏卧在这美丽的高原城市之中，构成了人与自然的和谐统一。

拉鲁湿地的作用，拉萨人形象地称它为制氧器、空调器、净化器和平衡器。专家们说，拉鲁湿地是拉萨市区重要的氧气补给源，它能增加城市湿度，吸尘防沙，美化环境。

我们在青藏高原拍摄“世界屋脊湿地”的日日夜夜，更加深刻感受到高原民族对湿地的爱戴和依赖。高原人是湿地生态系统的组成部分，高原文明与湿地息息相关，而高原的未来与发展，也与湿地紧密相连。当我们依依不舍即将离开雪域高原的时候，再一次领悟到为什么将湿地列为地球上三大生态系统之一。让我们重视湿地、保护湿地、爱护湿地，让世界屋脊上这片宝贵的湿地资源发挥它更大的生态效应。

消失的海洋到哪去了
——探索最古老的大洋遗迹

30年前，地质学家惊异地发现，海水覆盖之下的大洋地壳是如此的“年轻”，最老不过2亿岁，而目前发现的最古老的大陆地壳已有42亿岁了。洋壳为什么如此的年轻？消失的古洋壳到哪去了？

这还要从洋壳的形成说起。海底山脉——海岭，横亘在五大洋的中间。炽热的岩浆从海岭的中央上涌喷发，冷却后形成新的洋壳。新的洋壳不断生成，并向两侧扩展。旧洋壳在新洋壳的排挤下不断移动，最终在海沟的位置俯冲进入地幔而消失。

大洋地壳形成、移漂、消失，循环往复，这一过程大约需要2亿年，因此大洋地壳最老不过2亿岁。也就是说，人类很难找到真正古海洋的踪迹。这对于我们了解地球史，尤其是生命在海洋中的早期进化史，造成了巨大的缺环。而大陆地壳却很“顽固”，除了漂移、碰撞，一般很少产生巨大的变动，因此形成后不容易消失。难道就找不到古海洋的历史记录了吗？幸运的是，在大陆板块漂移、碰撞的过程中，极偶然的机会会把一些洋壳的碎片挤到陆地上。这些洋壳的碎片终止了2亿年的轮回而保存了下来，成为我们了解古海洋弥足珍贵的资料。这些洋壳碎片就是蛇绿岩。蛇绿岩实际上是一类岩石的总称，它们代表着洋壳从顶到底的层序变化。蛇绿岩来自于希腊语，是蛇石的意思，因为蛇绿岩外貌像蛇皮，呈暗绿色。蛇绿岩成为消失的海洋曾经存在的证据。

有蛇绿岩的地方就是古板块碰撞的位置，地质学家形象地称这里为缝合线。世界上许多国家包括我国已发

蛇绿岩

一组由蛇纹石化超镁铁岩、基性侵入杂岩和基性熔岩以及海相沉积物构成的岩套。又称蛇绿岩套。蛇绿岩可以形成于洋中脊、弧后盆地、弧前盆地、岛弧或活动大陆边缘等构造环境。现在大陆上发现的蛇绿岩多数是大陆裂解或弧间扩张的产物，而不是洋中脊蛇绿岩。

现了大量的蛇绿岩，其中最古老的蛇绿岩年龄达17亿～20亿年。地球上是否保留了更古老的大洋地壳残片？它又在哪呢？

华北大陆是中国现存的最古老的大陆。以前的地质研究层指出：华北大陆中部可能存在一条古老的缝合线。北京大学地质学系的李江海副教授经过反复地查阅资料、分析和野外考察，终于在冀东地区发现了大洋地壳的残片。

“我们初步的研究测定，这样一个古大洋地壳的年龄是25亿年。从而证明它是世界上已知最古老的大洋地壳。这样一个地壳具有非常完整的地壳的层序。它为我们提供了探索古板块演化的一条重要的线索。特别是探讨两个大陆如何相撞以及相撞的一种结果，提供这样一个演化的过程。由于它是古海洋中形成的，所以它有可能保存了古老生命的痕迹，让我们来探索更古老的生命是怎么演化而来的。”

李江海副教授发现的蛇绿岩是目前世界上发现的最古老最完整的大洋地壳残片。在此之前，国外发现的蛇绿岩最老不过20亿年，而且只包含4种蛇绿岩中的一两种，因而成为科学的遗憾。就目前的证据证明，至少在25亿年前海洋就形成了。更古老的海洋在哪呢？地球的板块是如何演化的？早期生命又是如何进化的呢？沧海桑田的变化就记录在这些岩石之中。

重写生命进化史

2002年10月4日的美国《科学》杂志公布了我国古生物研究的一个重大发现：我国科学家在云南发现了世界上最古老的毛颚类动物化石。这次发现将毛颚类动物在地球上出现的时间整整提前了2亿年。而去年的第一期《科学》杂志，就曾经用整整9页来介绍中国近年来在古生物研究领域的杰出成就，世界古生物界有人说：中国人正在重写地球生命进化史。

杨遵仪（中科院院士）："的确，这10年我们国家有很多重要的关于古生物的发现，例如澄江动物群的发现，辽西白垩纪地层的发现，以及鸟化石的发现，都是作为证据证明了这一点。"

证据1——澄江

位于我国云南省的澄江县，因为蕴藏大量的与现代动物祖先相关的化石，成为世界古生物学界关注的焦点。这里生物化石种类之多、保存之精美堪称世界一绝。

项礼文（中国地质科学院教授）："澄江动物群化石丰富、保存完美，更难能可贵的是，它保存有一些软体组织的化石，它几乎包括了现今各种门类的化石，像'昆明鱼'、'海口鱼'。它们把脊椎动物的研究历史整整向前推进了5 000万年。"

根据传统生物进化的理论，所有的生物的进化应该是一个渐进的过程。而在澄江，科学家们却发现了很多不同进化阶段的动物竟然出现在同一个地质年代中。这种生物的"大爆炸"，是不是和我们所说的进化理论相矛盾呢？

生命进化十大奇迹

1. 多细胞生物
2. 眼睛
3. 大脑
4. 语言
5. 光合作用
6. 性
7. 死亡
8. 寄生
9. 超个体
10. 共生

项礼文："澄江动物群寒武纪生命大爆发，看上去好像跟传统的进化理论有所矛盾，但是实际上，它大大丰富和完善了地球进化的理论。"

证据2——辽西

一百四十多年前，德国的始祖鸟发现以后，古生物学界就形成了几种学术观点。造成学术观点不统一的原因就是，除了德国始祖鸟之外，在世界各地都没有找到更多的化石来证明鸟类的起源。而我国科学家们在辽宁省西部的惊人发现，为确立鸟类的起源提供了有利的证据。

季强（中国地质科学院教授）："20世纪90年代中期，辽西中生代热河生物群中，发现了很多长有羽毛的恐龙，比如中华龙鸟，尾羽鸟等等。这些长羽毛的恐龙的发现，实际上把鸟类和恐龙的关系联系在一起了。"

中华龙鸟的发现，虽然为科学家们构建了一个鸟类起源于恐龙的假想，但是很多国际古生物学家却认为，要说明恐龙向鸟类的进化过程还缺乏"关键性的中间环节"。

2002年7月22日，我国科学家又向世界公布了一项惊人的发现，我国辽西发现了真正具有飞行能力的"恐龙"化石，这块化石被命名为"中华神州鸟"。这只躯干只有鸽子大小的恐龙，是世界上唯一和德国始祖鸟处于相同进化水平的原始鸟类的化石，它不仅仅为鸟类的恐龙起源学说提供了关键性的证据，还动摇了长达140年之久的德国始祖鸟在学术上的垄断地位。

近些年来，我国各地不断发现的奇异化石群把国际科学界的注意力引向了中国。难怪英国《自然》杂志的高级编辑感慨地说："中国的古生物学研究，成为国际科学界的一支中坚力量。"

走进海底世界

凶猛的鲨鱼从身边倏然而过，鳐鱼摇摆着蒲扇般的身体从头顶飘过，珊瑚和海葵随着波浪轻歌曼舞，五彩斑斓的热带鱼在其间穿梭，时隐时现。海洋馆里异彩纷呈的海洋生物展现在你眼前，宛若置身海底世界。你是否知道是什么在背后支持着这片海洋世界？

这套维持水生生物存活及成长的人工系统就是维生系统，它是海洋馆的心脏。它既要负责为鱼类提供一个舒适安逸的家，又要为观众带来一个清澈透明的观赏效果。

在维生系统中海水处理是至关重要的一个环节。由于大连海洋馆毗邻渤海湾，得天独厚的地理条件使他们省却了用海盐制造海水的工序，海水从自然界被引进海洋馆。但引入的海水还不能直接用，要经过一系列的物理、化学处理，包括过滤、杀菌、消毒，然后才能送入水族宫。从水族宫排出的海水经过沉淀过滤，利用表面张力去除海水中饵料残渣和鱼类生活分泌物产生的蛋白质，再通过臭氧杀菌，送入水族宫循环使用。

每隔一段时间，检验人员就要到各个水族箱中采水样，然后送到检验室进行分析检测，以确保海水清澈干净，适于动物生存。

海洋生物特别娇嫩，不用说柔弱如珊瑚的无脊椎动物，就算是凶猛的鲨鱼，在人工环境下，也需要特别的呵护。维生系统为水生生物提供了一个舒适的新家。

海洋有潮涨潮落，维生系统为鱼儿们安装了造浪装置，供它们嬉戏。如果鱼儿生了病，就要被送入海洋馆的“医院”——检疫池进行隔离，这样既可以避免互相传染，又可以让“病号”得到特殊照顾，早日恢复健康。

海洋馆维生系统

一、展示池中的水流流向：

1. 注水管：需考虑如何运用水流的作用达到聚污的效果。

2. 排污管：如何排污，排污管的位置必须在一些污物容易聚集的场所，以便于污物的排出。

3. 溢流口：主要是为了排出水体表面的泡沫和油污，以及一些密度较小的悬浮物。

二、过滤系统

主要包括物理过滤、生物过滤和化学过滤。

三、控温系统

四、杀菌系统

五、蛋白分离系统

六、反冲系统（部分采用砂缸的不考虑）

馆内的生物无论是大鱼还是小虾，都受到无微不至的照顾。它们吃的食物是各种冷冻海味。冷冻可以消灭病原体，从而保证没有任何疾病或寄生虫进入水族宫。为了保证每个生物都营养均衡，在冰冻鱼中还要塞入维生素。每次喂食，潜水员要照顾到不同种类的鱼，一个一个分开喂，以保证它们都能吃到食物。

站在海底隧道里缓缓前行，凶猛的鲨鱼从你头顶掠过，尖利的牙齿清晰可见；这边一群具有高度团队精神的鱼像一支步伐一致的阅兵队伍；那边美丽的珊瑚向你轻轻挥舞手臂；一只大海龟慢条斯理地从眼前划水而过；几只鳐鱼拖着带毒刺的长尾巴追随你前进。你如潜水于海底，一切仿佛都触手可及。这都归功于一种特殊的玻璃——丙烯酸玻璃。它厚达十几厘米，不仅能抵挡得住海水强大的压力，还防渗漏、耐腐蚀，清晰度高，仿佛给了你一双潜水员的眼睛，使你不必潜水就能领略到海底世界的奇妙。为了达到更好的观赏效果，每天清晨，潜水员要清扫丙烯酸通道，还要用自制的“吸尘器”清洁沙子和岩石。

虽然生命诞生于海洋，但我们人类已远离海洋太久了，海洋世界让我们这些久居内陆的人有机会领略海洋的神秘。

最后的晚餐

空中飞翔的鸟儿从哪里来，它的祖先是什么？是已经灭绝的恐龙，还是一个不为所知的物种？鸟类的起源之谜一直是一个悬念，困扰着世界各国的古生物科学家。最近，我国辽西地区发现的一批古生物化石为揭开谜团提供了可能。

2002年7月25日，在被称为世界生命演化历史化石宝库的辽西地区，发现了迄今为止我国最原始的鸟类化石，被称作“原始热河鸟”。这一发现立刻引起了各国古生物学者的高度重视。中国科学院古脊椎动物古人类研究所的研究员周忠和和副研究员张福成是化石的发现人，他们根据“热河鸟”的化石特征绘制出了它的复原图。

“原始热河鸟”的外观体积硕大，羽毛色泽艳丽，既有现代鸟的轻盈又有远古陆地爬行动物的威武。

周忠和：它的尾巴很长，一般我们知道现在的鸟类还有很多化石鸟都有很短的一根尾巴。这个化石鸟尾椎有二十多枚，跟始祖鸟、很多恐龙非常相似，特别是尾巴上的一些构造跟奔龙也非常接近。这个特征恰好说明鸟类和恐龙的关系非常密切。所以说，这个化石从鸟的角度提供了这样一个证据。

热河鸟化石的尾椎骨非常原始完整，发育强劲的脉弧及加长关节的突起等特征和恐龙家族中的奔龙十分相像，这一相像之处为鸟类起源于恐龙的世界性学说提供了有利的证据。它的第二只脚爪特别健壮，这个特征与其他鸟类有很大区别，反倒和奔龙、伤齿龙等小型兽类恐龙非常相似。历史上，辽西地区曾经多次发现长毛恐龙的化石。这些发现使鸟类起源于恐龙的学说首次有了实物的支持。

热河鸟

又称神州鸟，为鸟纲的一属，是一种原始鸟类。生存于早白垩世。这种鸟类的许多特征比起始祖鸟更接近现代鸟类。

其显著特征是保留有一根由二十多枚尾椎骨组成的十分细长的尾巴。现代鸟类的尾椎骨数量不多，最后几节愈合成一个叫做“尾综骨”的骨杆，供尾羽附着之用。绝大多数鸟类化石也是如此；不过在已知的化石中，只有始祖鸟保存了完整的尾椎骨，并且缺少尾综骨。热河鸟代表了第二种保存完整长尾的鸟类，而且也还没有发育尾综骨。保留长尾显然是爬行类祖先的特征。

在“原始热河鸟”的化石中还有一个令人惊奇的发现,热河鸟的腹中保存有许多植物种子的化石,这是现存唯一一件鸟类肚里保存了大量种子的化石样本。保存下来的种子外表新鲜,可以说明在热河鸟的存活时期这种植物有大面积的分布,可供这一鸟类食用。而且热河鸟的牙齿已十分退化,上下颌粗壮发达,专家推测这是为了适应吃种子的需要。

张福成:因为鸟类的新陈代谢的水平非常高,所以食物在胃中存留时间也非常短,它保存这么好的状态,说明了确实是它的最后一次取食的产物,或者说最后的晚餐,没有消化的晚餐。

原始热河鸟在吃完它的最后一顿晚餐之后就被深深地埋藏在这片土地下面。

1亿2千万年前,这里处在白垩纪早期,大小河流纵横交错,湖泊岛屿众多,气候为暖潮湿,生物繁盛。天空中有包括热河鸟在内的鸟类和翼龙,陆地有恐龙和哺乳动物,但受到环太平洋构造演化控制的辽西地区,由于岩浆活动剧烈,火山喷发频繁,造成了大批动物的集群死亡。

中国辽西曾经是山清水秀、龙飞凤舞的地方,但却遭受了一次次火山喷发所引发的灾难。这片曾经交织了美丽和悲怆的中生代生物的伊甸园,今天将为人们揭开鸟类起源的谜团提供更多的答案。

地球变暖

消融的冰雪

一些寒冰中的温馨画面也许以后只能在电视上看到了。美国科学家发出警告：北极正遭受着历史上罕见的"热浪袭击"。据美国航空航天局最新卫星记录显示，北冰洋的冰块正以高出往日9%的速度融化。20年前，北极夏天的平均冰层厚度为4.88米，现在只有2.75米左右。专家预计，照目前这个趋势发展下去，到2050年之前，平均海面冰块就会减少20%，到本世纪末，北极的冰块就会彻底消失。

变暖的北极直接威胁到野生动物的生存。刚出生的北极熊宝宝视力低下，它们必须乖乖呆在洞穴中好几个星期。然而，随着气候变暖，洞穴相继融化倒塌，可怜的熊宝宝们还没来得及看看外面的世界，就被活活压死了。

来自格陵兰岛的报告为科学家的担忧提供了强力的佐证。自1979年以来，美国的卫星直接测量海上冰块面积的结果是——去年夏季格陵兰岛冰雪流失达到12年来的最高值——68.6万平方千米。科学家警告说，温度每增加1华氏度，海平面上涨速度增加10%。格陵兰岛周围海平面每10年上升1.27厘米。

融化的冰雪不仅会导致海平面上升，更会促使气候进一步变暖。海洋冰面和冰川都是地球的"凉爽剂"，它们在春季反射80%的阳光，在冰雪融化的夏季反射40%～50%的阳光。而在冬季，冰面在温暖的海水和寒冷的空气之间又充当了保护膜作用。也就是说，如果没有大量极地冰块来反射阳光，地球变暖更会加速。此外，融化的冰雪和漂流物会直接影响北大西洋的深海对流，

全球气候变暖

是一种"自然现象"。由于人们焚烧化石矿物以生成能量或砍伐森林并将其焚烧时产生了二氧化碳等多种温室气体，这些温室气体对来自太阳辐射的可见光具有高度的透过性，而对地球反射出来的长波辐射具有高度的吸收性，能强烈吸收地面辐射中的红外线，也就是常说的"温室效应"，导致全球气候变暖。全球变暖的后果，会使全球降水量重新分配，冰川和冻土消融，海平面上升等，既危害自然生态系统的平衡，更威胁人类的食物供应和居住环境。

从而改变世界洋流活动和全球气候。

科学家指出，人类和动物生活产生的二氧化碳和甲烷是环境恶化的罪魁祸首。据统计，地球上所有的牛呼出的甲烷占到了大气中甲烷总量的20%。而新西兰的农民将被要求为他们上百万头的羊和牛放屁所导致的温室效应，每年支付490万美元的“放气”税。

世界气象组织7月份的最新公告显示，自1880年有确切气象记录以来，2003年5月份是历史同期最热的一个月，全球地表平均温度达到11.2℃。炎热使许多地方出现了异常现象。美国5月份龙卷风的次数是历史同期最多的。法国南部出现了罕见的干旱，意大利森林火灾频发。位于南亚的印度则出现了上千人被热死的惨剧。

远逝的蝴蝶

地球变暖不仅对人类构成威胁，也直接导致其他物种的灭绝。近日，《自然》杂志发表文章指出，英国3/4的蝴蝶物种迅速衰退。野生动物栖息地遭到严重破坏，导致当今多数蝴蝶物种难以生存。不迁徙蝴蝶所遭受的迫害和威胁（89%）远远大于迁徙蝴蝶（50%）。

科学家还发现，由于地球变暖，近30年来，东南亚的大批热带蝴蝶往北飞到台湾来定居，最远的纪录甚至到达日本。当地的温带蝴蝶不得不跟着往北迁移到寒带地区抢口饭吃，导致蝴蝶生态大乱。科学家们号召人们想想办法，让未来的孩子们能够看到活的蝴蝶，而不是标本。

无论是冰雪消融还是蝴蝶远逝，都对人们的活动提出了警告。如果不能有效控制物种的衰退，也许在未来的某一天，光秃秃的地球将永远失去美丽的色彩。

解读恐龙蛋化石

1974年的夏天，河南省地质队的几个同志在淅川的野外考察中意外地发现了一些奇怪的“石头”。考察队员向我们讲述了发现的过程：有一天他们四个同志工作完了以后回家，有一个同志在半路休息。他就拿着锤子坐在那儿拨过来拨过去，结果发现一些恐龙蛋皮。这样他就拿个布袋兜了一些，请了几个同志去看。看了以后几个同志认为可能是恐龙蛋化石。他们第二天又到那个地方，挖了三个，送回南阳。人们看了以后肯定它是恐龙蛋化石。为了慎重起见，又派人到北京中科院古脊椎研究所去鉴定。

惊人的发现

经北京的专家确认，这是一枚恐龙蛋化石的残片。随后在河南西峡、淅川、内乡一带发现了数目庞大的恐龙蛋化石群，引起了世界的轰动。

目前河南西峡盆地已出土的恐龙蛋化石有近万枚，据估算还有数百万枚化石埋藏在地下。目前由于条件有限，出于保护的目的，很多恐龙蛋化石还沉睡在地下，等待着被人们认识。

初识恐龙蛋

恐龙蛋一般长10 ~ 15厘米，最小的只有两三厘米，最大的也不过50厘米。保存在河南内乡县的长圆柱蛋，是个头最大的一种恐龙蛋。即使是这类最大的恐龙蛋，跟恐龙自身的个子比起来也显得太小了。事实上，恐龙蛋的大小并不与恐龙的身躯成比例地增长。如果成比例

“

恐龙蛋

非常珍贵的古生物化石。最早发现于法国南部普罗旺斯的白垩纪地层中，当时找到的只是两块碎蛋片，还不清楚是属于什么动物蛋的化石碎片。后来，经过对蛋片进行显微结构研究，发现其显微结构与乌龟蛋相似，因此认为那两块碎蛋片是属于一种不知名的爬行动物的。事后不久，在法国南部白垩纪地层中，又发现了许多碎蛋片和一些大小不同、形状多样的完整蛋化石，蛋片的显微结构也与乌龟蛋相似，肯定也是属于爬行动物的蛋化石。那么，这些蛋化石是属于哪类爬行动物的呢？由于当时所发现的蛋化石直径比较大，有的直径大于20厘米，比乌龟的蛋大得多，在当时的爬行动物中，只有恐龙才能产下这样大的蛋，因此称所发现的蛋化石为恐龙蛋。

增长，那些大恐龙恐怕要下21寸电视机大小的蛋了。

为什么大恐龙不下大蛋呢？假如蛋太大了，蛋白、蛋黄就多，压力就大，蛋壳极易破碎。如果蛋壳厚了，氧气就难以进入壳内。而且蛋壳厚，小恐龙破壳而出就很困难。尽管恐龙下的蛋不大，但有些恐龙仍然会长成庞然大物，因为恐龙一生都在不停地长个。

恐龙蛋的分类

从外形上看，恐龙蛋有长、圆、椭圆之分，有的蛋表面粗糙有纹理。最初在人们对恐龙蛋化石资料掌握不多的时候，曾根据外形来分类。

1994年中国古生物学家赵资奎根据蛋壳形态和显微结构将恐龙蛋分成两大科，这种新的科学的分类方法得到了世界的公认。

恐龙蛋为什么不依据恐龙的属种来分类呢？因为蛋化石周围很少有恐龙化石，这就难以确定蛋的属主了。就像家养的鸡，如果不是亲眼目睹，你很难说出哪个鸡蛋是哪只鸡下的。曾有一枚恐龙蛋化石，因其中含有恐龙的胚胎而成为不可多得的珍品。

6 500万年前，主宰地球长达一亿多年的恐龙神秘地从这个世界消失了，只留下一堆堆的骨架化石向人类诉说着它曾经的辉煌。关于恐龙人们有太多的疑惑。科学家曾对恐龙是否生蛋展开激烈的争论，甚至对恐龙是否属于爬行动物也产生了质疑。恐龙蛋化石的发现为这场争论画上了句号。恐龙蛋化石，为破解恐龙生存、繁衍、灭绝的谜团提供了弥足珍贵的标本。

过去由于科学技术不发达，恐龙蛋化石的研究停滞了很长一段时间。现在借助电子显微镜等先进设备，古生物学家终于揭开了恐龙蛋内部的秘密。

脊椎动物进化史上最重要的一环，就是成功地从水中登上了陆地。登陆以后，如何摆脱水的束缚繁殖后代成为头等大事。羊膜卵的出现是一大进步，它使脊椎动物彻底摆脱了对水的依赖。但我们现在已无法看到它内部的精巧结构了。在形成化石的过程中，恐龙蛋中的有机物渐渐分解消失了，留下的空隙被外界的方解石结晶填充。这个标本保留了炭化的蛋黄，十分罕见。现在只有坚固的钙质外壳保存了下来，成为我们研究的对象。

显微镜下的秘密

在扫描电镜下我们可以看出，恐龙蛋蛋壳由乳突层、棱柱层和气孔组成。棱柱层的结构呈一簇一簇的，是组成蛋壳的基本结构单元。

从这些显微照片中我们可以看出，恐龙蛋蛋壳的显微结构和与它有亲缘关系的爬行动物鳄鱼、龟的蛋壳结构有些相似，但又有明显的不同。而鸟蛋和鸡蛋的显微结构与恐龙蛋的就大相径庭了。而且不同种类的恐龙蛋的基本结构单元也不同。这就是恐龙蛋化石分类的依据。

寻源溯本

西峡盆地在远古时代是一片湖泊。古生物学家推测，恐龙有群聚产蛋的习性。到了繁殖季节，恐龙会成群结队到湖沼岸边。这有点像它的远亲——龟。到了繁殖季节，龟就会聚集到沙滩筑巢产卵，然后用沙子把蛋埋起来，借助太阳提供的热能自然孵化。

从化石中我们发现，不同的恐龙蛋排列有所不同。有的杂乱分布，没有规律；有的成行排列；有的围成一个圆圈，呈放射状排列。圆形蛋是平放的，而易碎的长形蛋则呈一定角度斜插在土里，这样可以提高它的抗压性。

有的蛋窝中所有的蛋都在同一平面上排列，有的则呈上、中、下三层分布。与鸟类和其他爬行动物相比，恐龙排列蛋的方式可谓是奇异多姿。

每窝恐龙蛋的数量最多可达三十多枚。为什么恐龙要生这么多蛋呢？这是由于恐龙生活的环境十分恶劣，幼崽死亡率很高，只有极少数能幸存下来“长大成人”。因此，它采用多产卵的办法来增加后代成活的机会，爬行动物中的鳄鱼和龟也是如此。

从恐龙蛋化石看恐龙灭绝

恐龙的灭绝还是个未解之谜，目前有许多种解释，其中最有说服力的是小行星撞击说。由于撞击引发大火，造成烟雾弥漫、氧气减少、一氧化碳增多，地球终日笼罩在黑暗之中，气候变得寒冷。植物枯萎了，继而食草性、食肉性的恐龙也就在劫难逃了。

支持这一假说的证据是在恐龙消失的那个时期的地层中发现了大量的铱元素。铱在地球上的含量很少，只有陨石中才有大量的铱。

前不久，我国科学家在出自广东南雄的恐龙蛋化石中发现了异常元素铱。恐龙灭绝的线索也许就记录在恐龙蛋化石中，等着我们去发现。

亲密接触远古时代

远古时代

指的是从人类出现到国家形成那漫长的历史时期(从距今约170万年前到公元前2070年这段时期),也就是原始社会。这个时代大约经历了两三百万年。

走进博物馆,总会让人们感觉到浓浓的历史、文化与自然的气息。但是,当我们面对众多的化石、图片等陈列物品时,就会强烈地感受到与文物隔着一道时光的鸿沟。最近,刚刚改造完工的北京自然博物馆举办了一场独特的古生物展,它会让你和远古时代的动物们亲密接触。

有趣的动画、互动的游戏、逼真的影像,孩子们完全沉浸在这场别开生面的古生物展中。

孩子们的这种专注投入的表情在以前的展览中是没有的,过去由于技术的原因,只能依靠站立的骨架、躺在橱窗里的化石、墙上的文字图片来叙说古生物的历史,而且展览的内容多、信息量大,一般的观众面对这种专业性很强的展览,不易理解和接受,小观众们要想知晓其中的缘由更是一件难事。

现在的展览融入了许多高科技手段,比如多媒体技术、激光成像技术和各种光学技巧等,这些科技手段的综合运用,将深奥的科学知识活灵活现地展示给观众,和以前相比更加生动形象。

让我们先来看看备受欢迎的恐龙展。恐龙在亿万年前几乎遍及地球的每个角落。随着科学家对它们认识的逐步深入,人们关于恐龙的问题也越来越多。在过去的展览中要想了解恐龙的体重和大小,只能通过抽象的文字和数字,现在,你却能轻松、直观地了解它们,并且自如地比较不同种类生物的大小差异。在这个展览中,要想了解恐龙的生活习性,你必须先了解它全身的骨骼特点,再亲手体验一下科学家是如何复原这些骨架的,在你动手操作完之后,电脑屏幕才会告诉你它的生活习性。

牙齿的形状一直是科学家判断恐龙食性的重要依据，过去在展示这方面的内容时依靠的也只是文字说明和化石陈列。现在工作人员将这些站立的骨架摆放成恐龙相互搏斗的样子，加上红色灯光的渲染，烘托了恐龙之间厮杀搏斗、扭打翻滚的场面，观众们仿佛被带回到了遥远的过去。

除了常规性的展览外，近些年不断涌现的考古新发现和新进展也出现在展览中。关于多细胞生命的起源问题，科学家的研究也是从20世纪末才开始的。为了满足大众知识更新的需要，博物馆推出了古生物研究新进展和新发现展厅，让大家了解到我国科学家在古生物界的最新研究成果。博物馆的研究人员匠心独运，将化石考古与激光成像技术和光学技术巧妙地结合在一起，让观众们在亦真亦幻的感觉世界中享受丰盛的远古视觉大餐。

走过远古的地层，凝望着浮现在眼前的古生物，想象着在水中流动的遥远世界，自然博物馆新颖独特的展览，给观众带来生动形象的视觉体验和身临其境般的强烈感受，人们对远古生物的认识也不会仅仅停留在以往的文字、图片和化石上，观众们在动手、动脑、互动、参与中可以更加深刻地认识到人类发展的自然历程和保护生物多样性的重要。

科学技术的注入使展览变得妙趣横生，备受大众瞩目和喜爱。它让原来灌输知识、陈列科学的博物馆成了人们轻松愉快地汲取知识、理解科学的场所。

注目北极冰山

北极冰山

冰山是地地道道发源于陆地上的冰川冰，只不过后来跑到海洋里了。

在南极和北冰洋周围的岛屿上发育着很多冰川。这些冰川将大陆整个覆盖掉了，形成一个大的冰盖。冰盖有不少伸到海里的冰舌。当风暴和潮汐来临时，海水时而涌上时而跌落，不断冲击着冰舌，久而久之一些冰舌就会被冲落到海中，形成大冰山。

冰山常呈金字塔形或桌形。在北极，金字塔形的冰山最为常见。南极冰盖附近的海洋里，经常漂浮着桌状冰山。冰山可以达到很大的高度。

严寒和飞雪，向人们预告着冬天的来临。而在渺无人烟的北极，太阳也吝啬地关闭了自己的光芒，留下长达6个月的极夜，只有绮丽的极光，闪烁在荒凉的北极上空。当夏天再度来临的时候，人们又能看到北极的美景和那些漂浮在海上的冰山。

2003年的夏天，中国北极科学考察队乘坐雪龙号科考船，在漂浮的冰山与海冰之间驶向北极，现代科技装备使得撞上冰山的概率几乎为零，于是，我们可以尽情地随着他们的目光去欣赏北极以及它的冰山了。

在喜欢浪漫和幻想的朋友们眼中，由瑰丽的冰山与晶莹的海冰打扮起来的北极像是一个童话中的王国。但遗憾的是，放眼这白色的海冰世界，人们很难见到生命的踪迹。人们常把局部的东西比做是冰山的一角，因为这些露出水面的冰山一角，还不到整个冰山的1/3。通过北极科考队水下机器人的眼睛，我们可以清晰地看到冰山隐藏在水下那巨大的基底。

北极的中心地区是广阔的北冰洋。常年温度在-40℃左右，最高的时候也在-10℃以下。大部分地方被常年不化的海冰所覆盖。

但是这些海冰如今却在大范围地融化。20世纪，这里最厚的海冰有5米多，但是，现在海冰的厚度只有过去的一半。这种趋势成为科学家们判断地球气候是否逐渐变暖的证据之一。这也正是科学家们来到这里进行科学考察的原因。

1999年8月，当中国科考队第一次进军北极时，具有1.2米破冰能力的雪龙号，在北纬75° 附近受到厚达数米的坚冰阻挡,不得不半途而返。

而在2003年8月的第二次考察中,雪龙号却奇迹般地跨越了北纬80°,也许是气候变暖使得海冰消融,意外地帮了科考队的忙。调查数据证实了科学家的猜测:北极的温度,在过去50年里上升了2℃。

就在考察期间,北极最大的400平方千米巨型冰架崩塌为两半,进一步证明北极正在变暖,这对环境意味着什么呢?德国科学家研究北极时发现,气温升高能阻碍臭氧发生化学反应,所以今年北极臭氧层的破坏速度明显减缓。

而美国科学家从另一个角度研究北极变暖时,却在北极格陵兰岛冰层深处发现了15种古老的西红柿斑纹病毒。如果海冰融化,使这些病毒四处传播,也许会给人类以及成千上万的物种带来麻烦。虽然古老的病毒复苏的危害还很遥远,但北极冰山和海冰的融化已经威胁到了海豹、北极熊和其他北极动物的生存。

北极熊出生后必须在冰洞中待好几个星期才能跟着父母外出。然而,冰雪洞穴的相继融化倒塌,使许多幼小的北极熊们还没来得及看到外面的世界,就被活活压死。

北极变暖如何影响我国气候是这次科考的重点。北极变暖、海冰融化,要从空气中吸收大量的热,当寒冷的北极空气南下时,与从赤道北上的暖空气交汇在我国上空,形成诱发各种灾害性天气的气象条件,甚至影响全球气候。

看来,北极科考队的科学考察,只是掀起了冰山貌似宁静面纱的一角。而隐藏在冰雪背后的更多秘密,也许会更深刻地影响到我们未来的生活。

留住森林

森林

指土地面积大于等于0.066 7hm^2（1亩），郁闭度大于等于0.2，就地生长高度达到2米以上（含2米）的以树木为主体的生物群落，包括天然与人工幼林，符合这一标准的竹林，以及特别规定的灌木林，行数在2行以上（含2行）且行距小于等于4米或冠幅投影宽度在10米以上的林带。

人类用自己的双手和智慧，在地球上扩张着自己的生活空间。现在，生活在充斥着现代化喧嚣里的人们，却又在梦想远古时的那片绿色，在这个被人类足迹踏遍的星球上，梦开始的地方还有多少呢？

8.6立方米，这就是我国现有的人均森林木材蓄积量，这个来自于2003年的统计数字告诉我们，把全国所有的森林砍伐干净，我们每个人得到的只有原木三棵。

可是追求幸福生活的现代人，对于森林的奢求远远要多于这 8.6立方米，生活在大都市的人们对于这种原始的材料倍加垂青，一套充满原始情调的装修，大概需要近12立方米的木材。由于实木家具的结构大多是整板榫接，因此不会有更多的化学黏合剂添加，的确适合环保的要求，实木装修可以阻挡水泥中的放射性物质对人体的危害，但人类对森林资源的过度采伐，造成的是这些温暖家园窗外的另外一番景象。

东北的小兴安岭是红松的故乡，红松曾经是最普通的建筑材料。但是现在，原生状态下的红松已经寥寥无几。和红松一样，那些曾经普遍适用于居家生活的其他原生树种同样非常稀少。当人类意识到对森林资源无休止索取的后果时，现有森林的保护和天然林的恢复就开始成为一项国家级的重点工程。对于现有的原始森林，目前已经完全禁止了采伐。它们产出的果实，一部分由它自然生长繁殖，以保持原始林的自然生长；另一部分则放进现代化的温室，在人工的条件下进行培育，长成幼苗以后，再移到室外种植，进行天然林的再造。

城市郊外的一些森林公园可以圆城里人回归自然的

梦。但是,这仅仅是一种表面的心理寄托,因为这些所谓的森林公园只能被称为树林。它与我们现在进行再造的天然林有本质的差别。城市周边人工种植的森林公园树种单一、面积有限。天然林的再造则是一项复杂的工程,它的前提是要恢复原始的生物多样性。通过对再造林区原始环境的考察,选择和原有森林相同的树种进行栽种。如果为追求栽种效率而只栽种单一的树种,就根本无法恢复原始的生态环境。拿松树来说,它对土壤有很强的酸化作用,如果一片树林全是松树,那么其他植物就难以生长。因此,它必须和像白桦树这样的阔叶树种同时栽种,才可以中和土壤中的酸性。同时,单一的树种形成的树林一旦发生病虫害,就会很快在树林中蔓延。恢复生物多样性,能够为植物生长提供一个良好的环境基础。在这个基础之上,动植物就会按照自然的规律繁衍,自然环境才能得到根本的恢复,人造森林才会有持续发展的生命力。

郊外的森林公园又迎来了一批追求自然的人们,虽然他们身处的这片树林距离那片森林如此遥远,但是,热爱自然、保护环境已经成为人类新的目标。在我们的生存空间里,森林的面积正在一寸一寸地恢复,那片梦开始的地方已经离我们越来越近了。

从伐木人到种树人,林业的发展走向了偏重于保护、再造的道路。林业工人的身后,留下的不再是贫瘠的沙漠,而是为我们留下了一个绿色的明天。

我们现在对森林资源的利用,可以说是吝啬到每一棵树的采伐。可是现在市场上有许多进口的实木家具,都是来源于非常注重森林资源保护的发达国家,他们对森林资源的吝啬程度甚至要超过我们。但是,即使是自然保护主义者也可以心安理得地使用森林资源,甚至可以把同样有限的森林资源大方递送出国门。

在北京,一座装修市场里的一幅广告牌,上面英文的意思是:“要购买经过国际FSC认证的木材产品,你将为环保作出贡献。”FSC是世界森林认证的标志,所谓森林认证就是木器产品的原料来自于一个经营良好的林场。

森林认证的标准非常苛刻,首先就是考察林场对森林资源的保护,以及再造林生态环境的恢复状况,验证这项指标的都是来自于世界顶尖的生态学家,他们要对林场的森林面积、土壤、水源等生态环境指标做出精确的勘测,达到标准的才会通过。

目前在我国,几乎所有经过保护的原始林和再造的天然林都能够符合生态学家的苛刻条件。但这只是森林认证的一个方面,经济和管理学家还要对林场现代化经营程度进行考察，确认它是一个能够盈利的企业，有足够的资金来满足森林的保护和天然林的再造。现在我们的林场在这个方面能否达到要求呢？

这是一棵生长了八十多年的水曲柳，在它的树干上钉有一面编号是450的铁牌。在信息中心的电脑中，只要输入450这个编号，很快就可以查到这棵树所处位置的经纬度坐标、生长年限、生长状况的详细资料。用这样的管理系统，这片森林的每一棵树都可以得到准确的追踪，林场就可以对森林的成长随时进行观察。这就是林场数字化管理的雏形。虽然这只是林业现代化管理的开始，但是，现在的林业工人可以把其他行业先进的管理模式借鉴过来，很快地提高林业现代化的进程。

商品的条形码技术已经被应用在一些林场的现代化管理当中。和商品一样，这些贴在原木上的条形码也包藏着许多相关的数据，林场的检验员用连接着电脑的读码器一扫，就是这样一个简单的动作，就可以准确地得到每一根原木包括采伐时间、采伐地点、运输车辆的牌号、检验员的名字等数据。

目前，在我国森林认证虽然刚刚起步，但是，经过国际森林认证机构的初步考察，我们有些林场完全可以达到森林认证的标准。在不久的将来，也会有我们自己的木材制品贴上森林认证的标签。

30年前种在小兴安岭群山间的这棵红松，还要再经过30年才能够长成大树，30年之后的这片土地，将是一片大树参天的绿色的天堂，我们的家园将会迎来一个绿色的明天。

腾冲火山

好个腾冲州，十山九无头。这些无头之山就是远古的腾冲火山活动在腾冲境内留下的遗迹，这座座火山锥雄峙苍穹，由南向北有序排列，规模浩大雄伟壮观。

腾冲古称腾越州，它位于祖国西南边疆的云南省西部，亿万年前这里曾经是茫茫大海。印度大陆和亚欧大陆漂移过来，在两块大陆惊天动地的碰撞结合之间，大海消失了。一条条山脉横空出世、一座座火山烈焰冲天，在这里演绎着“沧海桑田”的古老传说。大自然的造山运动，在这里留下了世界上最密集、最壮观的火山和地热群落。腾冲因此成为国家级的火山地热地质公园、风景名胜景区。

走进腾冲地质公园的火山博物馆，看着馆内陈设的各种形状的火山石，人们仿佛进入了一个时空隧道，进入了亘古洪荒、火山喷发的遥远年代。

乘坐现代热气球升空瞭望，一座座火山口就像一口口巨型铁锅蹲坐在腾冲大地上。传说这是当年女娲娘娘炼石补天的炉子。也有人说，这是星外来客留下的神秘标记，让人们浮想联翩！

腾冲火山，按其喷发的顺序和相对年代可分为上新世火山、早更新世火山、中更新世火山和晚更新世至全新世火山。是距今383万年至7千年前喷发的，喷发出的熔岩覆盖面积达一千多平方千米，熔岩量超过61.3立方千米。

由于年代久远，腾冲县境内97座火山中多数火山已经看不到截头圆锥状火山锥，现在仅能见到高大的山体。喷口保存完整的只有23座。

其中火山口最大直径达四百多米，有的火山口因终

“

腾冲火山群

是我国最年轻的火山群之一，其规模和完整性居全国之首。古往今来，一直吸引着众多的科学工作者进行考察研究。97座新生代火山锥雄峙苍穹，多系截顶圆锥状火山，火山锥体最高达214米，火山口直径可达400米，深60米。目前火山口保存最完整、有较高科考和观赏价值的是距城20千米的马站火山群，有大空山、小空山、黑空山、城子楼山、大团山、小团山、长坡山、打鹰山以及距城4千米的马鞍山、老龟坡火山等22座，它们像一个个精致盆景，极为壮观。

年积水，变成了美丽的火山湖。

打鹰山是腾冲最年轻、最高大的火山之一，海拔2 600多米。从县城就可看到它雄伟的英姿。在它的火山口至今还散落着很多大小不一的各种火山石。

“山顶之石、色赫赤而质轻浮、状如蜂房，为浮沫结成者，虽大而合抱，而两指可携……”这是明代地理学家徐霞客游览腾冲火山，在游记中对火山渣、火山浮石逼真的描述。

而这种被红色外壳包裹着的火山石叫火山弹，它的内部却是致密的玄武岩，其质量比火山浮石大很多。

在腾冲火山熔岩地区，有一种被地质学家称为通往地心之门的溶洞。它是火山喷发时所产生的大量二氧化碳、一氧化碳、硫化氢及其他气体随着熔岩一起流动时，被包裹在其中，熔岩冷凝后形成的。这类溶洞被地质工作者称为火山喀斯特溶洞，它是火山岩地质构造中罕见的地下景观，对研究火山喷发有极高的价值。

腾冲火山运动造就了很多奇观异景：那排列有序、壁立万仞、上耸云天、下插谷地的火山奇石叫柱状节理，它是由火山喷发时流出的岩浆，冷却凝固而成。对于岩浆为什么能形成如此壮观的六棱、五棱、四棱柱状节理，科学家们至今尚无定论。

这种柱状节理，在腾冲县境内的龙川江、大盈江、槟榔江沿岸时有表露，勇敢的漂流者沿江可以看到这种壮观景色！

“叠水如棉.不用弓弹花自散”，这如银丝、似绸缎的腾冲大叠水，是几百万年前火山爆发流出的岩浆堵塞河谷形成的火山瀑布，它为边城腾冲平添了一道亮丽的旅游景观。

腾冲激烈的火山运动还造就了水的奇观，这是中国大陆上罕见的火山岩巨泉，在从丛芭蕉的掩映下，六十多个泉眼奔流不息，流量每秒4 215升，因地处傣家坝派村，因而又叫坝派巨泉。

火山爆发时，流出的岩浆堵塞峡谷，形成了堰塞湖，经过漫长岁月的洗礼和发育，演化成了大面积的高原湿地。

腾冲北海湿地，是国家首批公布的重点保护湿地之一，也是我国众多湿地中仅有的火山湿地。

腾冲北海湿地保护区，包括北海、青海两个水体以及周边的地形、地貌，面积达到16.29平方千米。

腾冲北海湿地，属于淡水草本植物湿地。它四周环绕着火山群，是地球物种多样性的天然宝库，仅湿地范围内就有植物46种，国家一、二级保护植物有4种。一年四季不同植物群落的花卉竞相开放，形成茫茫花海。

北海湿地也是各种生物的栖息地，据历史记载，北海湿地有鱼类28种，两栖动物11种、爬行动物21种、各种水鸟54种、一年四季都有不同的鸟儿来这里产卵、觅食、嬉戏，与优美的风景构成一幅和谐的自然画卷。

这“海绵”似的植物根系，净化水的功能十分突出，能够清除土壤中的氮、磷化合物，是地球的天然“过滤池”。

北海湿地已成为腾冲著名的旅游观光风景区之一。

火山与地热在腾冲相伴而生，规模之宏大，景观之神奇，为世所罕见。

延续古老的文明

丽江高山植物园

位于丽江玉龙雪山南面，距丽江城区24千米，立体海拔分布在2 680 ~ 4 300米，占地近278.8公顷。

丽江由于地理位置特殊，海拔高差大，生物物种资源十分丰富，特有种类繁多，是全球生物多样性的十大热点地区和中国种子植物的三大特有中心之一。据昆明植物研究所的考察表明，仅玉龙雪山地区就有种子植物145科785属三千二百余种。该高山植物园由于在低纬度、高海拔所建，所以被中英植物学家共誉为世界最高海拔的植物园。

在“丝绸之路”的联系中，爱琴海文明和东方文明的交流早已开始。轻盈柔软的中国丝绸，曾被欧洲的王公贵族们视为宝贝；同时，欧洲的异彩琉璃也成了中国皇室的珍藏。今天，昔日的珍宝已变成价值连城的文物，东西方的文物专家们也同样被它们所吸引，在科技合作的桥梁上，为修复古老的文明而努力工作着。

在陕西考古研究所文物保护实验室，来自德国美茵兹市罗马—日耳曼中央博物馆的文物修复专家们正在小心翼翼地忙着手里的工作。柯里斯蒂安·艾克曼和卡加·布鲁沙特夫妇都是第二次到西安工作，他们正在修复秦皇陵兵马俑附近出土的青铜水禽，这些水禽是研究秦代社会生活的最新文物。盖尔达·考帕茨女士正试图展开法门寺地宫出土的丝绸包袱，她和她的前任专家已经成功地揭展了6件丝织物，让这些已出土15年的唐代皇家丝绸得以和世人见面。安娜格利特·格里克女士正在精心整理并希望复原一顶凤冠，那是大唐王朝李世民皇帝第六代孙女的头饰。初步研究表明，这件凤冠上的榨金工艺最早应来自古希腊。

18世纪初的欧洲，在风景园中仿建中国化的宝塔与楼阁台榭，垒起假山，种上月季、石竹是一种时尚，英、法、德各国都进入了所谓的“园林时代”。时间推移到21世纪，历史上对于园林的热爱，让欧盟和中国的17个单位共同发起了一个保护园林的项目，它就在江西婺源的晓起村。

瓷都景德镇往东80千米，就是晓起了。这个始建于公元787年的小村庄，就像从唐诗中还原出来的山水画。如果说婺源是中国最美的乡村，那么晓起就是这村中最精致的庭院。

在中国,还有一条与古丝绸之路齐名的商贸通道,那就是西出川滇的茶马古道,滇西北的丽江就是茶马古道上重要的商品集散地。沿着这条通道,西方的学者结识了丽江山区那些迷人的杜鹃。

丽江玉龙雪山是北半球最南的雪山,那里保留着我国低纬度地域内的最后一道冰川。独特的自然条件,使这里成为当今世界上高山植物丰富的区域,而玉龙雪山又是高山植物最为富集的地段,拥有藻类、地衣类、苔藓类、蕨类、种子类植物四千多种,是研究全球生物多样性的10大热点地区之一。为了保护这里古老的植物群落,2001年5月,中英合作复建丽江高山植物园项目前期工作开始了。

人工影响天气

人工影响天气

运用云和降水物理学原理，主要采用向云中撒播催化剂的方法，使某些局地天气过程朝着有利于人类的方向转化的一项科学技术措施。又称人工控制天气。是人工降水、人工防雹、人工消云、人工消雾、人工防霜、人工削弱风暴(台风)和人工抑制雷电的总称。

大气现象千变万化，人与自然息息相关。一场及时雨肯定会让你在骄阳似火的夏天里感到无比的惬意。然而天气的变化却总是很难如人所愿，于是人们试图主动地去影响和干预天气，使它向着人类所希望的方向发展。

人工影响天气，就是人们通过一定科学技术手段，对大气施加影响，希望大气向着人们希望的方向转化，以达到防灾减灾的目的。

人工影响天气的科学基础，就是通过在大气中播洒各种催化剂，使大气中的云物理结构发生变化，从而达到降水、除雾、防雹、消除雷电等效果。而在所有的人工影响天气作业中，人们最常进行的就是人工降雨作业。

人工影响天气的种类：人工降水、人工消雾、人工防雹、人工削弱台风、人工削云、人工防霜冻、人工抑制雷电。

人工影响天气发展现状：截止2001年底，已有30个省 自治区、直辖市开展了人工影响天气作业。全国从事人工影响天气作业的人员已经超过2.99万人。

早在1958年，我国就已经开始了大规模的现代人工降雨试验。我国是一个农业大国，也是世界上气象灾害发生最严重的国家之一，现在广泛实施人工影响天气已经成为了防灾减灾工作的一项重要措施。

我们国家人工增雨的范围和作业规模在全世界都是数一数二的，但是我们国家总体上监测水平与发达国家相比还有些落后。

目前人工降雨常用的催化剂是碘化银，人们不免会担心：它会不会对大气造成污染，危害人类健康呢？

严格意义上来讲，碘化银投放到大气中去，对我们的环境是有一定的影响的。但是因为雨水对碘化银的稀释作用,使得我们在实际观测中得到的浓度是很小的。

那么有没有更环保的催化剂来取代碘化银呢?

中国气象科学院刘奇俊博士对我们说,有些城市希望用非碘化银来播洒,催化剂使用了干冰和液氮,认为这样可以起到对环境更加保护的作用。但实际上碘化银仍然是一种最好的催化剂。

现在人工影响天气虽然已经被广泛应用,但每进行一次这样的作业都会耗费大量的人力和物力,需要多部门多领域共同协作来完成。所以人工影响天气到底会产生多大的效果,成为学术界争论的焦点。

我们国家目前人工增雨的工作,主要是抗旱性的,救急性的,这就需要我们尽快回答人工增雨的效果问题。

人工增雨肯定会有效果,因为人工增雨有坚实的物理基础,只不过我们现在的人工监测水平和数学的、物理的模拟计算能力还没有达到能够精确地探测并计算出来那种效果。

人工影响天气固然是一种有效的防灾减灾的手段,但是如果毫无秩序地实施人工影响天气,又将会造成不利的影响。我国出台的《人工影响天气管理条例》就对这项工作进行了法制规范。

国务院为了规范人工影响天气这项工作,最近颁布了《人工影响天气管理条例》,这个条例里面强调了一点:加大人工影响天气的科技投入,同时要增加人工降雨新技术的研制和开发能力,这样的话可以综合提高我国人工影响天气的现代化水平。

监测手段落后、操作技术简单,一直制约着人工影响天气事业的发展。用法制规范的手段来强调加大科技投入,对这项事业来说无疑是一件好事,它将使人工影响真正达到耕云播雨,造福人类。

沙尘暴

沙尘暴

是沙暴和尘暴两者兼有的总称，是指强风把地面大量沙尘物质吹起并卷入空中，使空气特别混浊，水平能见度小于100米的严重风沙天气现象。其中沙暴系指大风把大量沙粒吹入近地层所形成的挟沙风暴；尘暴则是大风把大量尘埃及其他细粒物质卷入高空所形成的风暴。

近几天，我国北方地区遭遇了严重的沙尘天气。受到影响的地区包括西北、华北、东北的大部分地区，其中甘肃、宁夏、内蒙古以及陕西、河北、北京、辽宁和吉林等地区还出现了强沙尘暴。这也是近十年来我国范围最大、强度最强、影响最严重的一次沙尘暴。

虽然现在还无法统计这次沙尘暴造成的全部损失，但是它无疑给我们的生活造成了极大的影响。于是，人们对沙尘暴越来越关心，迫切地希望找到它的真正成因，从而减少沙尘暴发生的次数。

沙尘暴是沙尘天气中的最强级别，危害也最大。当强风将地面的大量尘沙吹起，使空气相当混浊，能见度小于1千米时，这样的天气就被称做沙尘暴。沙尘暴的发生一般需要两个条件：一是强劲持久的大风和上升气流，为沙尘暴提供动力条件；二是地表有丰富的松散干燥的沙尘，为沙尘暴提供了物质基础。

研究表明，我国北部地区处于干旱、半干旱地区，每年冬春之季都必然有几次季节性大风。这次沙尘暴的形成就是受一股强冷空气和蒙古气旋影响。另一方面，我国北方地区与蒙古国境内戈壁沙漠众多，仅我国北方就有古尔班通古特沙漠、塔克拉玛干沙漠等面积达数百万平方千米的沙漠戈壁，为沙尘暴天气的发生提供了大量的沙尘源。这些都是造成我国近几年来的几次沙尘暴的重要原因。除了这些原因以外，过度农垦、放牧、滥伐和水资源的过度开采，造成了大面积植被的破坏，加剧了水土流失，使土壤沙化严重，这些人为因素也越来越受到人们重视。

从全球角度来看,沙尘暴也是一个世界性的问题。在中亚的独联体国家和伊朗、美国西部和西南部的一些州,以及澳大利亚的部分地区,沙尘暴都时有发生。这些地区的一个共同特点就是人口密度大,人类活动频繁。由此可以看出,人类活动对沙尘暴的影响不容忽视。在这方面,美国南部地区在20世纪30年代的沙尘暴灾难颇具代表性。

20世纪30年代以前,美国南部地区是大片的平原,而且人烟稀少,这里良好的气候条件十分适合农作物的生长。为了生产出更多的粮食,无数的美国人从北方赶过来,大量的荒地被开垦。1933年,当人们沉浸在粮食丰收的喜悦中时,一场灾难向他们袭来。那个黑色的星期天几乎使部分地区的粮食颗粒无收,近亿公顷土地变成荒地。后来,沙尘暴再次光顾美国,连续3天的沙尘暴让全美国2/3的地区受到影响,3亿多吨表层土被刮走,全国小麦减产上百亿千克。

美国人认识到对生态环境破坏的严重后果,开始采取多种措施保护土壤。经过多年的努力,昔日沙尘暴肆虐的南部平原又恢复了往日的生机。不仅仅是美国,为了减少沙尘暴的发生,世界上沙尘暴多发的国家都越来越重视生态环境的保护工作。我国计划用10年时间治理沙化土地,通过退耕还林、生态移民、修建水利配套设施等多种方式,使生态环境得到改善。到那时,沙尘暴将离我们越来越远。

夏日追梦之旅

两极

由于地球是绕着自转轴旋转的,所以两极是地球表面上唯一的两个不动点。它们又是地球上所有经线辐合汇集的地方。从北极或南极到赤道间的经线距离都是相等的。人们通过长期的观测发现,地球上真正的两个极点并不是一直不动的,而是在不断缓慢地移动着。这种地极的移动,称为“极移”。极移的范围很小,虽则只有篮球场那么大,但它对地球经纬度的精度却有不小的影响。

一、感受地球“两极”

笨拙的企鹅摇摇摆摆、亦步亦趋地跟随你前进;机警的小海豹瞪着大眼睛盯着你的一举一动;远处传来北极熊的吼声……小探险者从大连圣亚极地世界勇敢地出发,开始了探索地球“两极”的旅行。

在向导的带领下,小探险者步入“北极”世界。可爱的北极熊首先上来打招呼。北极熊虽然笨拙但在水中却非常轻盈。借助体内厚厚脂肪的浮力和宽掌的拨水力,它能一口气游上几万米。美餐一顿后,北极熊高枕无忧地安然躺下,这样可以减低身体能量的消耗,因为它要保存体力对付北极的严寒。

厚厚的皮毛是北极熊抵御寒冷的最好武器。它的毛是无色半透明的,反射可见光后就变成白色。而白色可以起到掩护作用,免得让猎物发现自己的行踪而逃之夭夭。北极熊的毛是中空的,里面充满了具有隔热保暖作用的空气,它能迅速将阳光中的热量传递到黑色的皮肤上。而黑色是最有效的颜色,能最大限度地吸收北极微弱的热量。

生活在地球最北端的因纽特人载歌载舞地上前欢迎来自远方的客人,并请小探险者们到自己的家中做客。因纽特人在北极地区已经居住了1万多年了。北极独特的环境造就了他们独特的生存方式,也造就了他们独特的白色寒冷文化。

在这个千里冰封万里雪飘的极地世界,因纽特人就地取材,用雪块建造房屋。雪屋一半儿在地上,一半儿在地下。由于暖空气不会向下跑,雪屋内的温度能维持在

16℃以上。这正是我国冬季供暖的最低标准。远远望去,因纽特人的雪屋宛如童话世界里的水晶宫。

在极地馆里,转瞬之间小探险者们就来到地球的另一端——南极。伟大的探险家考斯特队长穿越时空来迎接新世纪的探险者。这些珍贵的原始资料以及考斯特在南极探险途中用过的物品,向人们诉说着那段人类挑战南极的历史。

南极拥有地球上最大的淡水资源库,它储存了全世界可用淡水的72%。科学家开始试验从南极搬运冰块以解缺水地区的燃眉之急。但实现起来还存在很大困难。首先是资金投入大,缺乏运输巨型冰块的船只,还有南极寒冷的气候会使很多设备失灵。关键是到了赤道地区冰块一融化就前功尽弃了。

企鹅好奇地追随着小探险者。它行走的姿势憨态可掬,之所以这样走路有它的道理。对于企鹅来说,行走是件困难的事,短小的下肢使它选择了左右摇摆的走路姿态,这样可以不浪费任何体力。美国的研究人员近期发现:企鹅在蹒跚行走的过程中可以最大限度地节省身体能量的消耗,这对于生活在冰天雪地中的它们来说是至关重要的。

层层冰嶂、酷冷奇寒的肃杀之气凛然回绝了人类无数次好奇的拜访,这纯净得摄人心魄的白色冰雪王国充满着神奇。最后有个问题考考你:站在地球的什么地方,无论你往哪走都是朝北走?

二、畅游海底世界

海洋是生命的摇篮。看似平静的海水下面,隐藏着另一个充满生机的神秘世界。炎炎夏日,这些小潜水者来到大连圣亚海洋世界,他们将畅游那多姿多彩的海底世界。

潜入海底,在这个生命的乐园里,一片艳丽的色彩吸引了潜水者的注意,远远望去它就像盛开在海中的鲜花。这就是珊瑚。

红色珊瑚是由于吸收了海水中的氧化铁所至,而黑色则是由于含有有机质。有一种活体白珊瑚十分罕见,仅在我国和新西兰的博物馆中保存有标本。我们日常所见到的白色珊瑚,实际上是珊瑚死后留下的残骸。

潜水者一旦走近看就会发现,虽然珊瑚看起来像植物,实际上它是由千千万万只腔肠动物——珊瑚虫组成的。这些精美绝伦的艺术品都出自珊瑚虫之手。它没有眼睛、也没有鼻子,只在顶部长了一圈灵敏的触手。白天珊瑚虫将不堪一击的柔软肢体缩到岩缝中躲藏起来。夜幕降临后，珊瑚虫才舒展开触角，随波舞蹈。对比珊瑚虫还小的浮游生物而言，这是一场死亡之舞，稍有不慎就会落入这美丽的陷阱。

如果赶得巧，潜水者会看到海底变成了繁星闪烁的天空。上百万的珊瑚虫会在每年的同一时刻产卵。新生命带着未来和希望开始远航，它们中的幸运儿经历了残酷的自然选择，找到合适的地点定居下来，那里又将是一片灿烂的珊瑚世界。

水中的珊瑚离不开阳光，作为合作者，虫黄藻像个幕后英雄躲藏在珊瑚虫体内，利用阳光合成珊瑚虫生长所必需的营养，但直接暴露在阳光中对珊瑚虫却意味着危险。经历了短暂的辉煌，逝去的珊瑚虫的骨骼作为海的雕塑永恒地保留下来。

在这个水下花园，海葵和海百合竞相开放。小丑鱼在海葵带毒的触角中自由穿梭。这是因为它能分泌黏液包裹住身体，就像给自己穿上了防护衣。当有敌人来袭，海葵带毒的触角就成了小丑鱼的保护伞，而小丑鱼吃剩的食物则是海葵的盛宴。这种互利互惠在动物界很常见。

仿佛嗅到了危险的气味，鱼儿们“嗖”一下躲进了珊瑚堡垒中。鲨鱼的出现撕下了海底世界美丽祥和的假面，它傲然地在自己的领地巡视。并非所有的鲨鱼都那么贪婪，偶尔也会有童心未泯的鲨鱼来同潜水者玩耍一番。

继续下潜，如果运气好的话，你会碰到海中的老寿星——能活100岁的大砗磲。它肋间的深沟仿佛车轮碾过的渠道，因此得名。这个巨无霸，有近2米长。

鱿鱼挥舞着长长的手腕从潜水者身边溜掉。鱿鱼不是鱼，它属于贝类，只不过它的贝壳退化成了薄得像叶子一样的骨骼。鱿鱼选择了以柔克刚、主动进攻的生存方式，而不像其他贝类那样用坚硬的盔甲保护自己。

与陆地截然不同，海底世界是另一番景象，但大自然的法则在这里同样适用，生命还将继续，让这个蓝色世界按自己的轨道运行。最后有个问题考考你：章鱼是鱼吗？

三、重返远古年代

在北京西南郊的周口店村有一座小山，虽然海拔只有140米，却举世闻名。古人云：山不在高，有仙则名。这里就是“北京人”的发祥地。几十万年后，“北京人”的后代追寻着前辈的足迹，再次来到龙骨山，重温那个逝去已久的年代。

这是古人类学家曾经工作过的地方，在这个蕴藏了人类进化宝藏的山脚下，一群少年正在进行模拟考古发掘。他们体验着考古工作的艰辛与快乐。那专注的眼神，略带生涩的动作，引领我们回到七十多年前那个激动人心的时刻。

1929年的冬天，一个阶段的挖掘工作已渐入尾声，裴文中先生在一个昏暗的洞中发现了一块化石，是一个完整的头盖骨！这就是著名的北京人头盖骨。这一发现立刻震惊了中外，它被称为是古人类历史中最有意义、最动人的发现。

经过耐心的寻找、细致的筛选，功夫不负有心人，我们的小考古工作者终于发现了一枚化石。它是什么年代的呢？

用碳14就可以测出化石的年代。碳无处不在，植物、吃植物的动物体内都有。碳14是碳家族三兄弟中会衰变的一个。每过5 700年，它的数量就减少一半。正常状态下碳14在碳的总量中的比例是1/万亿，5 700年后碳14衰变得就剩下1/2万亿了。因此，测出碳14的数量就能知道化石的年代了。质谱仪的发明使我们可以一个个数清样品中碳14的个数，突破了碳14测年法只能测3万年的界限，大大提高了测定的准确性。可惜的是北京人头盖骨丢失了，还没来得及做科学的年代测定。1976年后，采用铀系法等多种方法测定了北京人遗址的年代，确定第13层以上的地层为距今70万～20万年。

化石是大自然留下的一个记录簿，它是历史的见证者，它为解答我们的疑惑提供了证据。达尔文在进化论中提出人是由猿进化来的，但因找不到有力的化石证据而被认为是谬论。北京人头盖骨化石显示："北京人"前额后倾，眉嵴粗壮前突，脑容量不大，这与猿接近；而下颌骨前部向后倾斜，又与现代人相像，这表明"北京人"是从古猿向现代人进化过程中的一个环节，它强有力地支持了进化论，为彻底否定神创人提供了直接证据。

这些消失已久的物种对今天的人来说是那么的陌生，它们曾自由地漫步在远古的草原、树林中。现在我们只能用石灰再现它们的模样，重现50万年前"北京人"生活的场景。

我们的祖先群居在龙骨山的洞穴中，以采集和狩猎为生。这些被打磨过的石块就是几十万年前北京人征服大自然时用过的工具。而灰烬、炭块以及烧过的骨头和石块则表明我们的祖先已经学会了用火。

这些原始的粗糙器具所蕴含的信息，是任何精致器具无法比拟的。穿过时空隧道，我们感受到远古的气息扑面而来。你知道在周口店还生活过哪些古人类吗？

四、走进机器人时代

机器人有着灵巧的手；它能深入险境；它任劳任怨，将你从繁重、枯燥的工作中解放出来。在北京市西城区青少年科技馆有一个展示会，主角是一些出自中小学生之手的机器人。虽然这些机器人还略显稚嫩，却都是每一个小工程师的骄傲。你也可以尝试着做一个机器人。

第一个出场的是蛇形机器人。只见这只“蛇”扭动着身躯，蜿蜒爬行，宛若一条真蛇在桌面游走。它时而前进、时而后退，有时高昂起头，傲视周围的一切。

如何让这个黑色的怪物动起来？仔细看机器蛇的身子，一个个小电机组成了蛇的关节。给电机施以不同的脉冲，它就会转过不同的角度并停止不动，直到下一个脉冲到来，它再转过一定的角度并再次停下来。通过编写好的程序，依次发出指令脉冲，不同关节就相继运动起来，机器蛇就活了。

各国的科学家也在研究机器蛇，把它作为太空的拓荒者。在外星探险中常常会遭遇粗糙、陡峭的地形，带轮子或长脚的机器人可能会摔倒或被卡住。鞭长莫及的地面工作人员也无能为力，费尽心血的计划因此而泡汤。而蛇型机器人特殊的行动方式可以避免这种情况发生。

第二个出场的是走曲线的机器人。它在特制的场地上，沿着事先画好的黑线行进。

机器人有不同的“腿”。刚才我们看到的机器人是依靠轮子滚动前进，有的机器人像坦克似的用履带行走，还有的“长”了六条腿像昆虫一样爬行。而像人类一样用两条腿走路则是科学家正在攻克的难关。

走路对我们人类来说是再平常不过的事了，可对机器人却是个难以逾越的障碍。用双腿行走并不像我们想象中那么简单，它涉及复杂的平衡与运动问题。迈步时双腿都在运动，姿态随时都在改变，要使双腿完成迈步又要表现出完美的拟人化姿态，难度可想而知。

第三个出场的是追踪抓物机器人。它迅速地发现了前方运动的目标，架在屋顶上方的摄像头就是它的眼睛。图像信号传递给机器人的“大脑”，“大脑”经过缜密的运算后下达指令，“四肢”接到指令立即行动，抓住目标。

处理器是机器人的大脑，它指挥机器人做简单或复杂的动作。但它只是按照人类事先编写好的程序发出命令，并不真正具有智慧，也不会思考。也许不远的将来会出现更聪明的机器人，这是人类向自身智慧发出的一大挑战。

今天的压轴戏是机器人足球赛。双方运动员入场。裁判一声令下，机器人前锋一马当先，奋力拼抢，双方的守门员则在球门前各司其职、尽忠职守。经过一番激烈的争夺，红队瞅准机会带球破门，攻入一球。

同学们制作的机器人是不是给了你很大启发？展开你的想象力，也许这些屏幕上的机器人将会在你手中实现，或者你能做得更胜一筹。如果你有什么好的设计方案，请告诉我们。

雷霆万钧

今天，包括北京在内的许多城市，都不需要再为突如其来的雷电袭击担心了，因为我们有了一双专门追踪雷电的眼睛。依靠它，我们不仅能准确定位雷电的位置，还能预测爆发的时间。

雷霆万钧的威力来自于云团长期的积累和酝酿，这就给科学家们留出了时间，能预测它的到来。

看似晴朗的天空，其实一刻都不平静。升腾的云团，把空气里飘离的电荷聚集起来。累积到一定程度，雷电就会在云和云之间迸发。

中国科学家开发的雷电定位仪，瞄向天空，追寻那些电荷最密集的云团。这些家伙是最危险，也是最有可能雷电交加的地方。可以根据它们的走向和变化趋势，来预测雷电大作的时机。科学家们正在努力把类似的测雷之眼遍布全球。

和当年观云看雾能借来东风的诸葛亮相比，今天的专家们可厉害多了。有了这些新开发出的雷电定位仪，不仅能预测到风雨，还能提前3个多小时，预测雷电的到来。

专家给了我们一些避雷重要提示：

如果你正在雷电交加的旷野，赶快寻找相对低矮的地方。

千万别扛着或拿着长的工具乱跑。

千万不要靠近孤立的高大树木。

更重要的是，千万别跑进那些孤单单矗立在平原上的屋子。这些看似安全的地方，在雷电中却成了最危险的场所。

雷电总是找那些相对更尖锐的地方释放它的能量。

“

雷电监测定位仪（闪电定位仪）

是指利用闪电回击辐射的声、光、电磁场特性来遥测闪电回击放电参数的一种自动化探测设备。在探测技术上，雷电监测定位方法有声学法、光学法和电磁场法。现代雷电监测定位系统始于1976年，美国Krider E. P. 等人采用单片机技术成功地将原双阴极示波器闪电探测仪改造为智能化的磁方向闪电定位系统，有效地提高了雷电的测角精度。20世纪80年代初，云地闪波形鉴别技术的出现和应用，使云地闪探测效率达90%以上。从这以后，世界上各发达国家和地区都开始布设雷电监测定位网。进入20世纪90年代，由于GPS技术的使用，雷电监测在测向系统的基础上增加GPS时钟，形成时差测向混合系统，同时采用数字波形处理技术（DSP），对波形作相关性分析、定位处理，使雷电定位精度和探测效率都有了明显提高。

能提前知道雷电降落的地方，趁早躲开，当然不错。可别忘了，万钧雷霆摧毁的不仅仅是生命，各种电器、易燃易爆的东西，都会在雷电中瑟瑟发抖，无法支撑。不久前，在华北地区，万钧雷霆没有在天上发威，倒是先在地上响起。

不到1个小时，数千多发炮弹打上天空，隆隆炮声气势可与雷公一比高低，目的是为了催雨。靠着人工降雨，天津市区的气温降低了3℃。天气凉爽了，空调也少用了。几千发炮弹，把天津从用电紧张的边缘救了回来。看来，我们不仅能雷霆万钧，还能改善环境。可在河南，地上的雷霆却招来了另一番麻烦。

河南三地，周口、许昌、漯河。5天前，不约而同地瞄上了天上的一大块积雨云，指望着它能缓解持续多日的旱情。

这块云从北向南一路走来，一路被轰，从许昌开始，2小时的炮轰效果明显。郊区数亩庄稼解了渴，可城里却被强降雨引起的积水困扰。到了最后一站周口，同样发射人工降雨炮弹数千发，却稀稀拉拉地只下了十几毫米。

这不禁让他们对兄弟城市颇有微词，一块宝贵的积雨云被前面三位用完了。

一通雷霆，却轰出了一个全新的麻烦。

靠着现在我们对大气运动的把握，谁都知道，飘动的云是运动的水库。谁都想在干渴的时候，打开这道闸门。

可有限的云雨，到底该怎么用？这在干旱时候就显得尤为突出。

从局部地区到全国的大气运动，都要归入通盘筹划。

雷霆万钧的瞬间，产生的是大量的氨气。雷电过后，鼻子灵的人就会闻到空气中弥散着的淡淡的氨气，那就是雷电的味道。

科学家们告诉我们，每年地球上都会因为雷电产生数吨重要的氨肥，滋养着我们的田地。在闪电实验室里，法国科学家利用起电机制作人工雷电，他们希望通过精心的测试来准确地了解闪电击中的部位。实验的对象是一座高压输电铁塔，雷雨爆发时，铁塔的哪一段会遭到雷击呢？在实验室的一侧，闪电以惊人的力量迸发了，温度高达3万℃！试验结束后，在铁塔上留下了雷击的痕迹。

个人防雷注意事项：

1. 关心你所处的环境、生活和工作的建筑物、个人的活动范围空间以及个人经常使用和接触的设备等有无受雷击或侵入感应雷电波的可能和危险，如果有，则要采取必要的防雷措施，以保安全。

2. 不能在屋顶上乱拉各类电线和架设各种天线，屋顶上的各种设备的金属构件都应可靠地连接到接地网。

3. 雷暴时留在室内比处于室外安全；留在有防雷设施的室内比无防雷设施的室内安全；站立于屋顶最不安全。

4. 雷暴时应停止室外的各项体育运动。

5. 雷暴来临时当你处于空旷的田野或开阔地带时，应尽快寻找有防雷设施的地方躲避；当一时找不到躲避的地方时，切记：处于低矮地方比处于突出的高地更安全，不能在山顶、山脊、田埂、土堆上行走或跑动，不能手持或肩扛长形工具和物件，不能靠近孤立的高大树木和烟囱类建筑物，更不能躲进位于地形高处的简易农舍。

6. 在野外，雷暴时不要接触和接近各种电线类金属，不要使用各类电器或仪器仪表，而应立即将所有电器和仪器仪表自各类电线上断开。

现在，通过全球监控系统，科学家已经可以准确掌握大规模雷电袭击发生的时间和地点，而进一步掌握遭受袭击的准确部位将更有助于人们的提前防护。

春天序曲

您知道吗？我们的祖先总要比现在晚几天过春节。古时的春节是在立春那天，而不是农历新年。在先祖们看来：春节是立春之节，所有对春天的祈愿和祝福，都应当在立春那天进行。立春就成为延续新年喜庆的又一个隆重节日。立春之后，一场关于春天的激荡起伏的序曲也悄然奏响。

迎合着春天序曲的节奏，所有的生命都以自己特有的方式兑现和春天的约会。“春风又绿江南岸”，一个传神的“绿”字，渲染出了春天的色调，也带出了春天的信使：植物。它们最先感知到春的信息。

植物体内的温度计是各种酶，它还是启动植物生长发动机的钥匙。尤其是迎春花这类植物，它对萌发温度的要求是苛刻的，温度上下浮动不能超过1℃。只有最适宜的温度，才能让生长机器开动起来。因此，植物对春天的温度最敏感。

“春江水暖鸭先知”，直接用身体感受大自然的哺乳动物们也敏感于春天的信息。尤其是鸟类，它们是热血动物中体温最高的，有些鸟的体温能高达42℃，因此它们对温度变化也很敏感。

人类同样能聆听到春天的脚步声，人们会以吃来迎接春天。北方的春饼、南方的春卷，两种食物中都卷了菜，尤其是对北方而言，以食物来标志春天的，就是久别了的蔬菜。

人类对春天的把握更加直观，看的是太阳影子的变化。二十四节气的划分，缘于我们的祖先对太阳地球空间关系的体会。根据一年里太阳直射点在南北回归线之

“

春

一年中四季之一。在中国，春季的开始是在立春（2月2日至5日之间），春季的结束在立夏（5月5日至7日之间）。在欧美，春季从中国的春分开始，到夏至结束。在爱尔兰，2月、3月和4月被定为春季，在南半球，一般9月、10月和11月被定为春季。

间的移动，就有了春分、夏至、秋分、冬至的四季划分。伴随着立春，太阳的直射点开始从南回归线向北移动，北半球开始获得更多的热量，春天的脚步也慢慢临近。

在我国辽阔的南北大地上，春天的到来有先有后。福建、浙江的春季开始于二月下旬，长江流域的春天开始于三月间，华北地区大约四月上旬才有春色，而黑龙江的春天常常要到立夏前后。在4 000米以上的青藏高原北部，春天只是冬雪中的梦。

阳光的脚步从南往北逐渐推移，温暖的回归也从南方开始。尤其是北方大地，经历了天寒地冻后，还在上个冬天的梦乡里沉睡，被唤醒的时间会更晚些。

阳光把地表的空气烘热了，可土壤对热量的反应要比空气慢得多，因此深层土壤的温度还远低于地表。从立春开始，北方大地差不多要再等上两个月，才能积累到足够的热量。对于生命来说，那时才是真正意义上的春天。

在立春的序曲之后，春天的气息越来越浓，雨水是强烈的鼓点，惊蛰是高昂的圆号。伴随着春分这样华美的大提琴的参加，春天序曲终于达到了高潮，关于春天的乐章从此响彻大地。那时，迎合着春的节拍，人、动物、植物，大自然中所有生命的春天计划都开始行动了。

春之花“语”

阳春三月，大地回暖，草木返青，春花烂漫。大自然以隆重的方式向憋闷了一冬的人们发出盛情邀请：来吧，到春天的怀抱里，看绿叶摇着跳舞的花朵，听百花吐露芬芳的心事。

我国南北相距五千多千米，跨越纬度近50度。在海南，几乎一年四季人们都沐浴在夏的阳光里；而在北方，直到三月上旬，“初春的使者”迎春花才懒洋洋地打开春的大门。根据多年观测的结果，植物学家发现：大多数植物生长发育所需要的最低环境温度为3℃，到了7℃以上，山桃、玉兰、丁香等才会依次吐露芬芳。德国科学家经过进一步研究后证实：四季里植物之所以花开叶落，是因为受到它体内一种特殊蛋白质的控制。而春季长时间的光照能够激活这种蛋白质，当被激活的蛋白质到达植物细胞的细胞核后，就会启动一连串的基因，促使植物开花。

踏青郊游时，满树的繁花不仅仅美得让人惊叹、悦人眼目，它还堪称天然的“保健医生”，不同颜色的花对人的心理和机体会起到不同的调节作用。蓝色和绿色是大自然赋予人类的最佳心理镇静剂，可以减轻视觉疲劳，稳定情绪。热情奔放的红色，容易使人血脉流通、呼吸加快，对人体循环系统和神经系统有一定的影响。

除了炫目的色彩，花儿还拥有宜人的芬芳。这春天里甜美的气味随风飘飞，如果你有幸捕捉到几缕香气，它们就会经你的呼吸道进入血液，促进体内激素和酶的分泌，调节人体的新陈代谢，并令大脑皮质兴奋，而这种作用用药物治疗无法取代。研究表明，花朵的香味是从花蕊和花瓣上的一种能够制造香气的油细胞中散发出来

花

种子植物的有性繁殖器官。具有繁殖功能的变态短枝。典型的花，在一个有限生长的短轴上，着生花萼、花瓣和产生生殖细胞的雄蕊与雌蕊。花由花冠、花萼、花托、花蕊组成，有各种颜色，有的长得很艳丽，有香味。

的。芳香油随同水分的挥发而飘散,各种花儿所含的芳香油不同,因此散发的香味也就各异。蕴藏在植物体内的特殊气味,经现代科技手段萃取出来,制成各种时尚又实用的熏香精油。浓缩的精油具有细小的分子结构,可以轻易地穿透皮肤表层、毛孔和嗅觉系统,进入身体组织中,很好地调节身体的内分泌系统和神经系统。

“秀色可餐”,非花儿莫属,它们堪称色香味俱备的天然佳肴。神农氏曾尝遍百草,屈原在《离骚》中也“朝饮木兰之坠露兮,夕餐秋菊之落英”。可见,食花之风,古已有之。据测定,新鲜花粉中含很多有益的物质,富含人体所需的蛋白质和氨基酸,具有一定的营养保健作用。但并非所有的花都可以食用,有些花的枝叶或花粉中就含有对人体有害的毒素。

“乱花渐欲迷人眼,浅草才能没马蹄”,自然界的春天如此浪漫写意,在这青春涌动、生机萌发的大地上,在这飘荡着爱的气息的季节里,你们,躲在哪里?莫等狂风吹落了花冠,莫等沙尘毁掉了春姑娘的新衣,鹅黄色的春天,寂寥的郊外,一棵开花的树,在等你到来。

冬天的快乐

晶莹冰雪是北方天地的精灵，细柔白沙似南方苍穹的星辰。在两地温差将近50℃的哈尔滨与海南岛，人们在哪里过冬更快乐？赶海的人们最先打破了黎明的沉寂。赤足站在沙滩上，任凭海浪轻轻地滑过，卷起的沙粒在脚上柔和地冲刷，可谓一种享受。

而在北国的清晨，这双站在冰面上的赤脚感觉到的就不是享受了。有人以为，冬泳者在水里比在岸上暖和，其实不然。冰冷的海水要比刺骨的北风对生命的威胁大得多。因为水可以以比空气快25倍的速度夺走人体的热量，所以冬泳之冷冷在水中而不是岸上。通过这个小试验就可以证明这个道理（烧红的铁丝同时放在空气中和水中）。

冬泳算得上是人在日常生活中所能遇到的寒冷之最，冬泳也因此被誉为“天下第一锻炼”。冬天的北方可不是懦弱者的乐园，它可以说是磨炼意志、锤炼硬汉的好地方。

南方温暖的海水却不会让潜水者有寒冷的感觉。戴上潜水镜和氧气瓶，在水下3～5米处轻潜，海水的压力不会造成肺部损伤。如果还要向更深的海底世界挑战，那就必须经过专业训练，让肺适应压力的变化。目前，人类轻潜的世界纪录是水下70米。

除了梦幻般美丽迷人的海底世界，摩托艇、海上拖伞等水上运动也越来越受到人们的青睐。滑水运动是依靠快艇的牵引和海水的浮力，让人在水面上“行走”。

不过，说到滑行，最美妙的地方恐怕莫过于北方的冰场和雪原。速滑的冰面有如一张银色的唱片，跑道就如

冬

在南北半球所处的时间不同。在南半球，冬季在6、7、8月份；在北半球，冬季在12、1、2月份。在中国冬季从立冬开始，到立春结束。

冬季在很多地区都意味着沉寂和冷清。生物在寒冷来袭的时候会减少生命活动，很多植物会落叶，动物会选择冬眠，有的称做休眠。候鸟会飞到较为温暖的地方越冬。

记录声音变化的螺旋槽纹，而速滑运动员就是盘绕在唱片之上的唱针。你听，那是人与自然共同演奏的一曲欢乐颂。

滑雪同样令人着迷。人类竟然仅凭两根雪杖和两块雪板，就能把难以逾越的雪原变成蕴含无穷情趣的乐园，把苦寒的冬天变成快乐的季节。

我们的祖先在一千多年前就已经开始滑雪了，但那时，这项发明的目的是交通而非娱乐。古《隋书》记载："木马形如弹弓，一左一右，系于两足，激而行之雪中冰上，可以及奔马"。如今，这种装有履带的机动雪橇能以100千米的时速在雪地驰骋。

北方冬日特有的滑雪运动令南方人倍感羡慕。他们从海外借鉴来了各种滑雪替代品。比如坐在滑草板上从山坡顶端往下滑行；或者是利用履带及轮子的配合传动，在倾斜的草地上滑行。由于滑草的基本动作大体与滑雪相同，国家滑雪队在夏季就采用滑草辅助训练。

殷殷碧草代替茫茫雪场，这是人类智慧的一种体现。此外，我们还有先进的造雪机、制冰机，人造滑雪场和人造滑冰场也都已变成现实。掺入这种特殊的制剂，水的结冰温度上升到10℃左右，冰场下面是冷却系统，优雅浪漫的滑冰运动就可以在各种气候下进行了。

如果你喜欢下雪但怕冷，喜欢大海却不爱游泳，那么，无论身在何方，你都很难体验冬天的快乐。还是抽出一点时间，去天地之间撒把野，去享受难得的悠闲和快乐吧。

世间冷暖之冷

俗话说一场秋雨一场寒，随着天气逐渐转冷，人们在日常生活中更加关注温度。那么说到温度，您认为多少度算是冷，多少度算是暖呢？虽然我们每天都在谈论着冷暖，但实际上大多数人并不是真的了解温度。

说到冷，那么您所经历过的最低温度是多少℃？-20℃？-30℃？那都算不上冷，中国有记载的最低温度是 -51℃，地球上的最低温度是 -130℃。不过，这也还算不上是最冷，那么，这世间的最低温度会冷到什么程度呢？

温度并不是像人们想象的那样，可以无限制地冷或者暖，最低温度，也就是人们常说的绝对零度只相当于 -273.15℃。那么为什么温度不能再低了呢？事实上，这已经是一个只能逼近而不能达到的最低温度。当达到这一温度时，所有的原子和分子热量运动都将停止。在目前已经完成的试验中，人们甚至已得到了距绝对零度只差1/3 000℃的低温，但仍不可能得到绝对零度。

如果真的有绝对零度，那么能不能检测到呢？有没有一种测量温度的仪器可以测出绝对零度而不会干扰受测的系统？答案是，绝对零度是无法测量的，只能依靠计算得出结论。因为所有的物体在绝对零度的状态下，分子活动都将停止。反过来说，如果有某种物质在 -273.15℃的时候还能够有活力，那么这个温度也就不是绝对零度了。所以，迄今为止，绝对零度还只是一个计算出来的概念。

既然目前人们计算出的最低温度是 -273.15℃，那么为什么温度计上标注的最低温度只达到 -117℃呢？这是

绝对零度

绝对零度时会发现一些奇妙的现象。如氦本是气体（氦是自然界中最难液化的物质），在 -268.9℃时变成液体，当温度持续降低时，原本装在瓶子里的液体，却轻而易举地从只有0.01毫米的缝隙中，溢到瓶外去了，继而出现了喷泉现象，液体的黏滞性也消失了。

因为温度计中红色的液体是酒精，酒精在 -117℃就会凝结。事实上，在地球上我们也很难遇到比 -117℃更冷的地方，即使是温度最低的南极洲，酒精温度计也能用。在南极的内陆，人们已经测到的最低温度是 -88.3℃。当然如果到了南极最高峰——文生峰，酒精温度计就派不上用场了。文生峰夏天的平均气温也有 -117.7℃，年平均气温则将近 -130℃。

人们常说地球是一个温暖的家，的确，如果你知道了太阳系中其他行星的温度，你一定会更加认同这句话。事实上，太阳系的木星、天王星、海王星的最低温度都达到了零下两百多度。九大行星中，冥王星是距离太阳最远的，从那里看太阳，太阳只是一个闪亮的小光点，所以冥王星从太阳上所接受到的光和热，只有地球得到的几万分之一。因此，冥王星上是一个十分阴冷黑暗的世界。那里的最高温度是 -210℃，最低温度是 -240℃。

你知道 -240℃意味着什么吗？1898年科学家在实验室第一次得到了 -240℃的低温，这时，氢气变成了液态氢。-170℃，就已经是生命的极限。在这样的温度下只有像大肠埃希菌、伤寒杆菌等这些最简单的微生物能够生存了。

正因为宇宙中各行星的冷热不同，才决定着生命的存在与否。想想看，如果人类要到太阳上去，还没到达早已化为灰烬了；反过来，如果到了阴冷的冥王星，恐怕人的第一次呼吸还没完成，就已经变成了冰棍。那么，这是不是就说明在寒冷的环境中就一定不会存在生命呢？

到目前为止，我们尚未发现有任何地外生命存活的迹象。但卡西尼号正在探索的土卫六很有可能孕育出新的生命。

由于表面温度为 -200℃，土卫6不是一个能产生生命的地方，但是它浓密的大气层中含有许多碳氢化合物。它们通过太阳的紫外光可产生化学反应。光化学反应能产生有机分子，这些碳基化合物是产生生命的第一步。但是土卫6实在太冷了，以至于无法迈出下一步。它就像是一个深度冻结了的地球。在50亿年后，它也许会得到产生生命所需要的热量，因为那时太阳将膨胀成一个熊熊发光的红巨星。只是那时由于太阳已进入生命的暮年，不知道土卫6是否来得及孕育年轻的生命？有些科学家对此下了悲观的结论，他们认为，即使土卫6上真的有生命出现，也很有可能与土卫6一起，被太阳由红巨星变成白矮星的过程中所爆发出的巨大能量吞噬掉。

低温世界就像魔术师，各种物质都会出现奇妙变化。比如，在 -200℃时，空气时会变成浅蓝色液体，如果把鸡蛋放进去，无论是红皮鸡蛋还是白皮鸡蛋，都会发出浅蓝色的荧光，而且把它们摔在地上不但不会破，还会像皮球一样弹起来；如果把娇艳欲滴的花朵放进去，不仅颜色更加漂亮，还变得像一枝玻璃花，光闪闪、亮晶晶的，轻轻地一敲还会发出“叮当”响声，如果使劲敲打就会破碎。说到花朵，如果你认为最耐寒的花儿是梅花，那就大错特错了。大多数的梅花是在10℃左右的环境中开花，只有极少数品种的梅花可以承受-10℃左右的低温。事实上，还有很多比梅花更耐寒的花，究竟是什么，你一定猜不到。

其实，很多看似娇弱的花朵，都能经受低温的考验。除了人们熟悉的菊花、梅花，看似艳丽柔弱的牡丹，其实却很耐寒，不愧是花中之王，它可以承受-30℃的低温。而冰清玉洁的雪莲更能在-50℃的环境中生存。

除了这些大自然创造出来的美丽精灵，很多人造制品也能经受住低温的考验。飞机经常在零下七八十摄氏度的平流层飞行，所以制造飞机需要耐寒而且重量轻的材料。美国波音公司的767型客机采用了被人们称为“梦的纤维”的凯英拉纤维复合材料，使机身重量减轻了1吨，与波音727飞机相比，燃料消耗节省30%。这种液晶纤维的强度是钢的5倍，铝的10倍，玻璃纤维的3倍，能在-180℃左右连续使用。

我们将-273 .15℃称为绝对零度，因为那是目前已知的最低温度，也是分子停止活动的临界点。而生活中，我们用水的冰点来定义0℃。我们居住的地球表面有70%被水覆盖，所以说地球是一个水的星球。正是因为有了适宜的温度和水，地球才孕育出了生命。

世间冷暖之暖

温度

是表示物体冷热程度的物理量，微观上来讲是物体分子热运动的剧烈程度。温度只能通过物体随温度变化的某些特性来间接测量，而用来量度物体温度数值的标尺叫温标。它规定了温度的读数起点（零点）和测量温度的基本单位。目前国际上用得较多的温标有华氏温标（℉）、摄氏温标（℃）、热力学温标（K）和国际实用温标。从分子运动论观点看，温度是物体分子平均平动动能的标志。温度是大量分子热运动的集体表现，含有统计意义。对于个别分子来说，温度是没有意义的。

说到世间的万事万物，那真是千姿百态，无论是春夏秋冬、寒暑交替之变化，还是春华秋实、青山秀水之美景，甚至人情冷暖、酸甜苦辣的五味之人生，这一切都离不开一样事物——那就是合适的温度。要不人们怎么总是说寒暑交替、世间冷暖呢，可见温度在人们生活中的重要。

的确，地球上万物的生长都离不开温暖的太阳光芒。太阳大气中有九十多种化学元素，这些化学元素每天都在制造核爆炸，放出大量的光和热，给我们的生活带来生机。但如果你认为太阳就是最热的星球，那就大错特错了。传说中的牛郎星与织女星，在夜里的星空中，它们只是闪烁的小亮点，你能想象吗，牛郎星的表面最高温度达到8 000℃，而织女星的表面最高温度竟达10 000℃，绝对是名副其实的“热恋之星”。那么，这么高的温度，人们是如何测量出来的呢？

这么高的温度测量，当然不是用温度计了。物理学家告诉我们，所有物体都会放射电磁波，这些由物体的温度产生的辐射就被称为热辐射。比如我们的身体其实每时每刻都在放射着以红外线为主的热辐射。随着物体温度的增加，波长也会随之变短。所以，根据热辐射的理论，科学家们推算出太阳表面的温度为5 500℃。

此外，人们还通过分析温度和光的辩证关系，逐渐地掌握了太阳的温度。我们平时看到的太阳是金黄色的，考虑到地球大气层的吸收，科学家分析认为，太阳颜色就与6 000℃左右的温度相对应。当然，所有这些结论都是分析推算的结果，而无法使用仪器测量出来。

说到对太阳的研究，大家一定还记得9月8日一头栽倒在沙漠中的起源号，尽管动用了在《蝙蝠侠》《绿巨人》等大片中有过出色表演的好莱坞特技演员，仍然没能挽留住起源号，人们花了6年时间和2.6亿美元换回的那0.4毫克的太阳风粒子也不知所踪，不过我们还是相信这些失败并不会让人们停止探索的脚步。

事实上，太阳的温度还远远比不上人类创造出来的最高温度，开动你的想象力猜想一下：人类制造出的最高温度是多少？答案是1亿℃。这个温度大约比太阳的中心热30倍，这是美国科学家利用氘和氚的等离子混合体在1994年创造出来的。当然，即使是这个温度，也还远远不是宇宙中的最高温度。

科学家认为，宇宙大爆炸那一刻，温度达到无穷大；然后1秒内，温度降低到约为100亿度；大约3秒的时候，温度降到了10亿度，这也是最热的恒星内部温度。当然，所有的这些温度也都只是科学家的推算。

宇宙大爆炸理论是美国科学家在1948年提出来的。这个理论认为，宇宙的最初阶段是个高温致密的火球，它不断地向各个方向迅速膨胀。当温度和密度降低到一定程度时，宇宙发生剧烈的核聚变反应，于是在引力的作用下就逐渐形成今天宇宙中的各种天体。

这种听起来有些不着边际的理论，竟然在1964年找到了证据——那就是大爆炸的遗迹：宇宙微波背景辐射。宇宙微波背景辐射是宇宙中最古老的光。按照宇宙大爆炸理论，约140亿年前，宇宙形成之初，致密物质像笼子一样禁锢了所有辐射，大爆炸后30万年，随着这些物质密度的下降，微波背景辐射才得以挣脱束缚。就像恐龙化石能让我们认识若干万年前的恐龙一样，这种“化石”光可以不受阻挡地穿越茫茫宇宙，让我们了解宇宙“婴儿时期”的各种信息。

说了半天太阳的宇宙辐射，那毕竟距离我们太遥远了，接下来说说人们生活中感受到的温度。

科学家经过长期研究和观察对比，认为人们生活中的理想温度应该是：居室温度保持在20 ~ 25℃；饭菜的温度应该在46 ~ 58℃；饮用水的温度为44 ~ 59℃时口感最好。

很多人喜爱喝冰镇啤酒。那么，究竟把啤酒冷藏到多少温度才最好喝呢？是8 ~ 15℃。如果温度太高，喝起来会感到粗糙，啤酒的混杂味道容易暴露出来。而温度太低，口感不舒服，嘴里会有受冻的感觉。尤其当啤酒冰冻到3℃以下时，啤酒的风味都将随之改变，而且很难起泡沫。更重要的是，啤酒结冰后体积将增大，容易导致酒瓶破裂，一定不要将啤酒放在冰箱速冻格冷藏。

说了这么多好吃好喝的东西,我已经有点馋了。也许您还没有记住这么多,不过没关系,您只要记住一点,就是所有热的饮料和食品比如油炸大虾、炸薯条什么的,它们都在一个固定的温度下味道最棒,想知道是多少摄氏度吗?

生理和心理学家告诉我们一个有趣的现象,那就是70℃现象。一些可以热喝的饮料,如咖啡、茶,温度在70℃时才味美可口,热牛奶和热汤的温度也是在70℃左右最为好喝。而一些油炸类食品,温度同样应该保持在70℃左右,虽然吃起来还有些烫,但这时的味道最美。

当然这也只是专家推荐的温度,事实上,你喜欢冷饮就喝冷的,喜欢热饮就喝热的,并没有什么规定。不过,人的身体可就不能忽冷忽热了,因为我们人是属于恒温动物,一般来说体温不会超出35 ~ 42℃的范围。41℃时,人体器官肝、肾、脑将发生功能障碍,连续几天42℃的高热,足以致使成年人死命。

与人类一样,鸟类和哺乳动物也都属于恒温动物,一般说鸟类的体温较高,在37 ~ 44.6℃范围内。而哺乳动物的体温较低,哺乳动物一般在25 ~ 37℃。但总的说来都在40℃上下,与人类的体温差别不很大,这是因为它们跟我们人类都生活在同一个星球上,处在大体相同的环境中的缘故。

1979年,科学家造访了太平洋深处的一个海底火山口,这里温度常年保持在90℃,也是阳光不能到达的地方。但令人惊奇的是这里竟然到处是生命——多毛虫、虾、蟹和其他很多微生物。那些从来没有见过日光的微生物处在食物链的最底端,多毛虫没有口,没有胃或者其他的消化器官,周围水域的化学物质渗透进体内后,细菌就把它们转化为多毛虫能够利用的食物。这些低级生物组成了一个小小的生物链,即使是在这没有阳光的地方,依靠着温暖的水域,它们仍然能够生存,让人们不得不感叹造物主的神奇。

真正感受了世间的冷暖,才知道生命的来之不易。有人说,地球上生命的诞生是偶然的,其实它也是必然的。想想看,第一个有生命细胞的诞生,需要太多的适合条件,其中温度是必不可少的因素之一。只有在适宜的温度下,进行物质分解或重组的化学反应才能正常进行,加上一切有利于生命进程的因素才有了今天这些美丽的山川、河流、绿树、红花……才有了生命的诞生。真的是太不容易了,所以,不用说我们感受到了那么多世间温暖的亲情真爱,即使是风霜雨雪、严寒酷暑,对每一个生命来说其实也都是一种幸福。

预知未来晴雨

头顶的这片天空没少让人们牵肠挂肚。哪段时间会风和日丽，最适合神舟五号发射上天？三峡什么时候才能避过暴雨，是截流的最佳时机？这些都靠国家气候中心的专家提前做出的准确预报。气象学家的努力让我们能更准确预知未来晴雨。国家气象局的短期气候预测系统，因此而获得2003年度国家科技进步奖。

诸葛亮能借来东风，也无非是提前几天看了天上的风云变化。从现代气象学来说，像这样1 ～ 7的短期预报叫气象预报。

短期气象预报已经不算什么难事，由于监测的只是一小块地方的大气，又有高空气象卫星云图，现在的气象专家人人都能顶得上诸葛亮。现在困扰着人们的是短期气候预测，它要提前1个月、1个季度甚至1年摸清老天爷的脾气。预报期长了，要考虑的因素也就更多更复杂。

专家们曾形象地形容短期气候预报的复杂性：南美洲亚马孙河流域热带雨林中一只蝴蝶扇动了几次翅膀，2周后就可能让美国得克萨斯州迎来一场龙卷风。

要确定中国的气候，就不得不站在全球，把目光投向更遥远的地方，寻找那只飞扬不定的蝴蝶。这意味着我们手里的这张网不仅要足够大，还要能确定这只蝴蝶最可能出现的地方。

现在，科学家们终于确定了影响中国气候变化的几个重要因素：来自太平洋的厄尔尼诺、青藏高原的积雪和南海的季风。这些因素在老百姓看来八竿子打不着。可那只气象蝴蝶就是在这些相距遥远的地方盘旋不定，左

短期气候预测

是相较“长期气候预测”而言，后者做的是未来50年、100年的气候分析，难度极高。而“短期”，也不像天气预报时段那么“短”，它的时间概念不是“日”，而论“月”、“季”、“半年”、“一年”。它所要承担的是，帮助国家决策部门了解掌握未来数月里或一年里的气候变迁，减免不必要的人、财、物损失。

右着中国的天空。确定了这些因素,就可以利用短期气候预报系统织起的大网,捕捉这只蝴蝶的踪迹。

每年的4月和11月,都是丁一汇这样的气象专家最忙碌的时候。这段时期,全国数百位专家汇聚一堂,为中国的气候变化把脉。4月,专家们要对当年5月到9月的汛情、旱情作出预测。11月,专家们要对冬季沙尘暴、暖冬的可能性进行分析。国家近半年的防汛抗旱物资的准备、农业资金的投入等等,都要根据气候预测结果作出调整。

1998年这套预测系统初试身手,专家们借此提前一个月准确预测到了那场大雨。由于准备及时,让国家少损失二百多亿。今天,中国的科学家们已经使这张网的网格宽度从原来的200千米缩减到60千米。这就意味着:我们对那只蝴蝶的追踪精度比原先提高了至少3倍。2003年,专家们利用这套系统的高分辨模式,准确预报出了淮河暴雨。

对风雨的踪迹把握得更准,对恶劣的天气知道得更早。这是人们对将来气候预报的期望。专家们相信:在目前这套短期气候预报系统基础上,未来的气候预报会更细致、更精确。

太阳·雨

都说“春雨贵如油”，立春以来，如何提高水资源的利用率再次成为气象学家们关注的焦点。

在改变传统灌溉方法的同时，科学家们将目光转移到天空。开发云中水资源成为一条新途径。2003年，仅北京市因人工增雨作业的直接水库入库量就相当于增加了3个昆明湖，投入产出比高达1:90。由于近几年持续干旱少雨，今年，广东、广西、江西等省已经做好了提前进行人工增雨的充分准备。

传统的人工增雨技术早已为世界各国普遍采用，今年，以色列科学家又发明了一种更为方便实用的人工降雨法——造雨机。

为了制造模拟云层，他们将一个透明塑料筒罩在机器上。不一会儿里面就充满了类似云层的白色水蒸气。这时，造雨机开始工作了。在造雨机底座上的两个加压电极分别将正、负电荷射向弥漫在塑料筒里的水分子。带有正负电荷的水分子因为相互吸引凝结在一起，多次凝结后雨滴就形成了。可以看出，塑料筒中的白雾正在转为水滴而慢慢消失。这项发明的原理就是通过让云层和雾气中的水珠带电而形成降雨。

此外，这种降雨原理还可以解决另外一个棘手问题——困扰交通的浓雾。每年都会有数不清的航班因为大雾而无法正常起落，让遮挡视线的浓雾变成清新的雨滴，无疑是个解决问题的好办法！

万物复苏的春天，阳光也充满着温情。很少有人会注意抬头就能看到的太阳，似乎它年年岁岁都是一个模样，从不曾改变。事实上，太阳也和我们一样有很多精彩

人工降雨

运用云和降水物理学原理，通过向云中撒播催化剂（盐粉、干冰或碘化银等），使云滴或冰晶增大到一定程度，降落到地面，形成降水，又称人工增加降水。

撒播催化剂的方法有飞机在云中撒播、高射炮或火箭将碘化银炮弹射入云中爆炸和地面燃烧碘化银焰剂等，是人工影响天气中进行得最多的一项试验。

人工影响云的微物理过程，可以在一定条件下使本来不能自然降水的云受激发而降水，也可使那些水分供应较多、往往能自然降水的云，提高降水效率而增加降水量。

的表情。

在人们的心目中，太阳的东升西落，每天正午时分日上中天似乎已经成了无可争议的事实，实际上，日上中天的时间通常并不在正午12时，而且每天的时间都是不一样的。所谓日上中天，是指在中午，竖一支竹竿垂直于地面，日影最短时就是日上中天。日上中天有三个特点：日影最短、太阳地平高度角最大以及太阳恰好位于正南或正北方向。

2月12日，在地球上任何地方所观测到的日上中天的时间，比今年其他任何一天都要晚，中国的大部分地区是北京时间12时41分日上中天，比平均值推迟了14分钟。

由于地球绕日公转并不是匀速运动，而是快慢不一，所以，我们人为规定的也就是从钟表上看到的时间和实际上地球绕日公转所产生的时间是有误差的，这个误差在一天中最大可以达到16分钟。一年中只有4次误差为零，今年这4次日期分别出现在4月15日、6月13日、9月1日和12月25日。

每一次的日出日落都雕刻着时间的痕迹，每一个春天，都是太阳拉着时间的手，引领地球上的人们走进新的一年。

探秘始皇陵

2003年年底，从秦始皇陵考古队传出一个令人振奋的消息：通过最新的遥感考古和物探勘查表明，这座两千多年来始终披裹着一层神秘外衣的陵丘之谜已经解开。作为中国第一位帝王的陵丘，秦始皇陵曾经留给世人无尽的传说和猜测，在它的下面究竟会埋藏着什么样的秘密呢？

水银江河

由于对秦始皇陵缺少了解，任何贸然的发掘都有可能对遗址和文物造成永久性破坏。

为了在不破坏遗迹的前提下揭开陵墓的秘密，2002年底，国家科技部把利用遥感和地球物理综合探测技术来探测秦始皇陵列入了国家高技术研究发展计划，一大批科技人员和高精尖的设备开始汇聚秦始皇陵。

据司马迁的《史记》记载：秦始皇陵内“以水银为百川江河大海，机相灌输，上具天文，下具地理。以人鱼膏为烛，度不灭者久之。”

而许多传说中也不约而同地提到了秦始皇陵内的水银。难道，秦始皇陵的封土堆中真的有水银注成的江河么？如果真的有，又怎样才能检测到呢？

水银，学名汞，它是唯一能够在常温下保持液态的金属，但很容易挥发。挥发后的汞会被土壤吸附，只有当温度在300℃左右时，土壤中的汞才会被释放出来。而矿物中的汞却需要加温到500℃以上时才能变成汞蒸汽。

探测人员采集了秦始皇陵周围水银异常的土壤加以检测，结果发现，当温度升高到200 ~ 300℃时，土壤中绝大部分的汞释放出来了。这说明，土壤中的汞异常是由

秦始皇陵

位于距西安市三十多千米的临潼县城以东的骊山脚下。据史书记载：秦始皇嬴政从13岁即位时就开始营建陵园，由丞相李斯主持规划设计，大将章邯监工，修筑时间长达38年，工程之浩大、气魄之宏伟，创历代封建统治者奢侈厚葬之先例。秦始皇陵在1974年被发现，这个第一个统一中国的皇帝，殁于公元前210年，葬于陵墓的中心。在他陵墓的周围环绕着那些著名的陶俑。那些略小于人形的陶俑形态各异，连同他们的战马、战车和武器，成为现实主义的完美杰作，同时也保留了极高的历史价值。

汞蒸汽被封土吸附所引起，而不是由土壤中含汞的矿物引起的。这个发现进一步证实了陵墓下藏有大量的水银。

然而结果远非如此简单。探测人员注意到，陵墓四周土壤中的汞含量强弱并不相同，地宫的东北侧汞强度最高，西南侧稍弱，而西北侧则几乎为零。

这种水银分布与秦朝时期我国东北有黄河、渤海，南方湖泊众多、西北方干旱的水系格局大体一致。

考古探测的结果似乎印证了《史记》中的记载，秦始皇陵内不但果真"以水银为百川"，而且这些水银还是按照江河湖海的分布来布置的。如果这个推断被证实，那就说明早在二千二百多年前，秦朝人对华夏大地的山川河流就已经有了调查和研究。

如果这个猜想正确，人们可能会问，秦始皇用水银在陵墓中仿造江河大海的目的是什么？考古学家认为：大量的水银也许并不只是为了营造恢宏的景观，它还能使入葬的尸体和随葬品保存长久、不腐烂。而且水银是剧毒物质，盗墓者一旦闯入，吸入大量的水银蒸气就会导致死亡。因此，水银江河还会起到震慑和防盗的目的。

时光流逝，百代兴替，静默千年的始皇陵被各种陪葬坑众星捧月般地环绕着。所有的猜测都只能使这座宏伟陵墓显得更加神秘。

宫墙惊现

这是一个按照秦朝军事编制组成的庞大地下军团，它石破天惊刚一出现，就被誉为"世界第八大奇迹"，两千多年过去了，每个士兵仍旧神态威严、气宇轩昂，似乎依然在守卫着那个威震四海、统一六国的秦始皇以及梦中的故国江山。然而，如此震惊世界的发现也不过是揭开了秦始皇陵园神秘的一角而已。

考古探墓离不开这种"洛阳铲"，究其来源，据说是洛阳附近的一个盗墓贼发明的盗墓工具。后来，它成了考古队员传统的探测工具。利用"洛阳铲"从地下带上来的泥土，考古队员可以发现墓葬中埋藏着的信息。

然而，整个秦始皇陵区的面积有56平方千米，如果依靠简陋的"洛阳铲"进行考古探测，恐怕一两百年也不能探测完。

而利用物理探测的手段却可以在不破坏遗迹的情况下快速地了解地下的秘密。

土壤在地球磁场的作用下具有微弱的磁性，但是许多人为的扰动却会使这种磁性发生变化。如果用精密的仪器进行测量，就会发现陵墓下的磁性与周围土壤的磁性存在明显差异，这样，不用翻开土层就可以发现藏在地下的陵墓。

科技人员开始对秦始皇陵进行土壤磁性的探测。利用这种仪器可以探测出由地下磁性不同而引起的异常。再经过电脑处理后，测量到的数据转化成一张直观的图形。从图上看，封土堆中果然发现了异常。但是，依据异常演算出的地宫位置竟然高出原始地表，达到封土堆近顶部的高度。也就是说，秦始皇把自己的陵墓建在了地面上，然后再用封土堆进行掩埋。这显然不符合中国传统的丧葬习俗。

那，又是什么原因会导致这种奇怪的演算结果呢？探测人员百思不得其解，他们决定与秦陵考古队一起再次探测。

探测的结果再次出乎人们的意料，覆盖陵墓的封土堆磁性不但不均匀，而且底部的磁性竟然比顶部的高出1倍。这到底是什么原因造成的呢？

探测人员请秦陵考古队在陵墓北侧显示磁性异常的地方用“洛阳铲”打了一排孔，然后对带出来的泥土进行分析。很快，考古人员就发现了异常，封土堆下的土壤中居然有着密度不同的两种土层，而引起封土堆底部磁性较高的主要原因正是其中密实程度较大的细夯土。

经过进一步调查，探测人员发现：这些细夯土层在陵墓的东西南北四面都存在着，它们大约高30米，东西长约175米，南北宽约145米。它们上窄下宽，并且高出原始地表面，一个呈矩形形状分布的宫墙逐渐开始凸显在人们的面前。

但是，另一个疑问又随之而来，这些坚硬的夯土墙究竟是做什么用的呢？夯土墙的内部会有什么样的秘密呢？这个巨大的发现引来考古队员更多的猜测：这些厚重的夯土墙所保护着的会不会就是停放秦始皇棺椁和陪葬用品的地宫呢？

许多年来，有关秦始皇陵地宫的位置一直众说纷纭。据史料记载，丞相李斯曾向秦始皇报告，说是骊山的陵墓已经挖不动了，好像到了地底一样。秦始皇听后，下令“再旁行三百丈乃至”。这一说法使得地宫的位置更是扑朔迷离，那么，地宫到底会在哪里呢？

青石地宫

从对封土堆的磁法探测结果看：秦始皇的地宫很有可能就在巨大的封土堆下面，为了验证这个猜测，探测人员决定用电法探测来获得陵墓下的信息。

考古探测人员把用于测量电阻率大小的仪器插入到土中，将收集到的数据输入电脑，经过处理，最后合成一张电阻率分布图。图形显示，在封土堆中央平台的下方，大约60米深处，存在一个局部的高电阻率异常带；而在封土堆之外相同深度的地段上并没有出现类似的异常。

分析图形中出现电阻率异常的位置、深度和大小后，探测人员认为：引起高电阻异常的原因应该是一片密闭的空气。如果真是这样，就意味着地宫不但就在封土堆的下方，而且密封完好、没有坍塌。

为了验证这一推断，探测人员决定对墓室的完整程度再次进行检测。

地下土壤的岩石中含有许多放射性物质，这些物质在蜕变的过程中会释放出一种气体。通常，这种被称作氡气的气体会通过土壤中的裂隙向上运动，到达地表。但是如果遇到致密的夯土层就会受到阻挡，到达地表的氡气含量就低。所以，如果墓室已经坍塌，那么，在地表土壤中的氡气含量就应该比周围的要高。

测量结果显示，墓室上方的氡气含量最低，这个结果证实了探测人员的推测。然而，是什么材料会使得埋藏了两千多年的墓室至今没有坍塌呢？专家们开始推测：建造墓室所用的材料至少应该是石质材料吧？

考古队员试着在推测地宫的上方试探着打了几个探孔，当探铲深入地下五十多米以后，从地下传来了“咚咚咚”的声音。考古队员把洛阳铲从钻孔里提出来，仔细一看，只见上面粘着几块岩石的碎屑。经过一番辨认，考古队员认为这些碎屑应该是骊山以北所产的青石，这与史料记载的秦始皇陵使用北山之石正好吻合。

根据这次探测，考古学家们确信，秦始皇的地宫就在这座巨大的封土堆下。这座由青石建成的地宫东西长约80米，南北宽约50米，高15米左右。

然而，另一个谜团又浮出水面，既然有地宫，通往秦始皇地宫的墓道会在哪里呢？

墓道寻踪

直到2002年以前，考古人员在秦始皇陵的下面只探测到一条向东的墓道，这显然与秦始皇的地位不符。因为按照先秦时代的丧葬礼制，墓道的数目体现着墓主地位的高低：天子墓一般有四条墓道，而诸侯墓则是两条墓道。难道号称千古一帝的秦始皇会为自己的陵墓只留一条墓道么？

就像每个人都有独一无二的指纹一样，所有的物体也都有属于自己的光谱特征。但人类凭肉眼只能观测到电磁波中的可见光部分，而遥感技术却能够利用紫外线、红外线等多种电磁波进行探测，所以它能够“看”到更加丰富的信息，即使是一些在地下的物体也能够被这双“火眼金睛”识别出来。

利用遥感技术探测秦始皇陵，考古学家们会有新的意外发现吗？

探测人员将一台红外探测仪安装在飞机的机身下，它将对陵区地面散发的光谱进行逐行扫描。为保证整个陵区图像信息的完整性，探测人员对飞行航线就有严格的要求。60平方千米的秦始皇陵区被划分成16个航带，如果把每一个航带上遥感探测到的图像镶嵌在一起，就会形成一张完整的秦始皇陵遥感地图。

从扫描出来的遥感照片上，探测人员可以分辨出已经勘探出的东墓道。而在墓室的西部，也可以看到一条隐约可见的直线，从这条直线所处的位置来看，它似乎是一条向西延伸的道路。

这会不会是封土堆上的一条道路？探测人员决定进行实地调查。

然而，在与遥感图片上的条形影像相对应的封土堆上，考古人员没有发现任何踩踏过的痕迹。那会不会是封土堆下有什么东西呢？

考古队员用“洛阳铲”在影像显示的部位进行探测，带出来的泥土表明，这条奇怪影像正是秦始皇陵的西墓道所在！这无疑又是一个重大发现！

而在另一张遥感图像上，探测人员又发现了一个异常现象，一个不同寻常的低温区出现在陵墓的南部和东部，这又暗示着什么呢？

史书记载，秦始皇陵在施工中曾经被地下水淹过。为了阻止地下水入侵，修陵的人在陵墓的南侧、东侧分别修建了夯土墙来保护墓室不遭水浸。这座由夯土墙建成的阻排水渠在2000年被秦始皇陵考古队发现。

如今遥感图片的低温区与阻排水渠的位置正好不谋而合，它会不会就是阻排水渠显示出来的影像呢？

经过进一步的验证，这一猜想终于被考古队员证实了。由于陵墓内侧没有地下水进入，所以土壤温度较高；而阻排水渠的外侧却有水分蒸发，带走了热量，所以形成了遥感图片上的低温区。这说明两千多年前的阻排水渠仍然在发挥着作用。

如今，这座世界上规模最大的帝王陵墓——秦始皇陵，在遥感探测等物理技术的推动下，正在一点点地向人们展示它那久远的辉煌。

最新遥感考古和物理探测技术表明：秦始皇地宫就在封土堆下，而且保存完好；修建地宫的材料是石材，外围有细夯土围墙；地宫的阻排水渠仍然在起作用；地宫目前发现有东西两条墓道；地宫中含有水银并且分布不均。

海洋捕捞

在长期的海洋捕捞生产实践中，人类创造了许多卓有成效的方法，拖网是目前海洋渔业生产中效益较高的渔具之一，它属于过滤性的活动渔网，其捕鱼原理是察出鱼群后，放出长带型网具，包围或阻拦鱼群的逃路，然后逐步缩小包围面积，最后捕获鱼群。

围网类渔具的捕获对象是中上层、集群性鱼类。如果鱼群小而分散，使用围网必须采取诱鱼或驱鱼方法，比如在船上加装光源，利用鱼类的趋光性，使鱼类聚集从而进行捕捞。此外，还可利用声波饵料等方法，达到捕捞的目的，采用围网技术，产量可达数百万吨以上。除了拖网、围网，目前世界上普遍使用的捕鱼方法，还有刺网，粘网及钓鱼作业等。随着科学技术的发展，海洋捕捞还使用了卫星定位、导航系统、雷达探鱼仪等。

20世纪90年代以来，由于沿海各地过分强调发展海洋捕捞业，盲目增添渔船、渔网，无节制地捕捞，海洋渔业资源逐年严重衰退。目前，我国海洋捕捞强度已远远超过渔业资源再生能力，并严重威胁着我国海洋渔业的可持续发展。

以南海区为例，全海区海洋捕捞产量1997年为近400万吨，而据专家估算，渔业资源潜在渔货量仅为280万吨。同时，一些传统捕捞鱼类已形不成渔汛，一些名贵优质鱼类已经很难捕捞到，因此，保护鱼类繁衍增殖，合理利用渔业资源非常重要。这要求我们一方面要掌握了解海洋渔业资源现状，科学预测持续可捕量，正确地有计划地组织渔业生产；另一方面，要制定具有约束性的渔业法规，严禁有害于渔业资源的各种渔业行为。

1995年，我国在东海、黄海开始实行伏季休渔制度。1999年，我国南海也开始实行了伏季休渔制度。这为鱼类生长繁育提供了时间和空间，有效地保护了主要经济鱼类资源。除了休渔制度，我国还采用了规定捕捞定额、控制捕捞强度、发展远洋捕捞等手段，使我国渔业资源量明显增加。

海洋生态平衡是地球生态平衡的一个重要的组成部分，只有科学捕捞，合理开发利用渔业资源，才能达到可持续发展的目标。

污泥制肥

近年来，我国的环保工作取得很大进展，国家投入了大量资金进行污水处理。但如果对污水处理的伴生物——污泥不进行合理处理的话，又将会形成一个巨大的污染源，危害生态环境。在污泥处理中，堆放和填埋并不是好办法，不仅浪费钱财，而且浪费土地。这就需要一种污泥无害化处理和利用的技术。

为解决这一问题，机械科学研究院的科研人员经过潜心研究，吸收国外的先进技术，终于开发出具有国际先进水平的污泥综合利用新技术。利用污泥高温好氧堆肥和快速干燥消毒固化的方法将污泥制成肥料，彻底解决了污泥对环境的污染问题。

污泥好氧堆肥的具体方法是，把脱水后的污泥和粉煤灰以及少量除臭剂混合，送入堆肥仓，进行高温发酵，在好氧微生物的作用下，使有机物稳定，同时产生大量的热量，在60℃以上的高温下维持3天左右的时间，以杀死病原体、寄生虫卵和杂草种子，使污泥达到无害化卫生标准。发酵后的污泥进入造粒机造粒，然后进入气流干燥机进行干燥，成品有机肥装袋后送到仓库。

快速干燥消毒固化制肥方法同高温好氧堆肥的工艺大致相同。只是脱水后的污泥没有经过发酵过程，而是直接进入滚筒烘干机进行干燥固化，并利用烘干机内的高温直接起到杀菌作用，然后再通过造粒机制成肥料。

采用这两种方法不仅可以将污泥制成颗粒有机肥，而且通过添加化肥还可以制成复合缓释肥。由于污泥中富含有机物和植物生长所需的营养元素，因此经对小麦、玉米、蔬菜、水稻等多种作物进行大田试验，污泥肥料不仅能改良土壤、提高土壤保肥、保水、保温性能，而且可以提高农作物产量，有明显的增产增收效果。

将符合污泥农用标准的污泥制备成肥料，既实现了污泥无害化，又化害为利，形成了生态的良性循环，具有很大的经济效益和社会效益，对推动可持续发展有重要意义。随着人们环保意识的提高，污泥制肥这一利国利民的新技术将越来越引起人们的重视。

城市垃圾变废为宝

城市垃圾

是城市中固体废物的混合体,包括工业垃圾、建筑垃圾和生活垃圾。工业废渣的数量、性质及其对环境污染的程度差异很大。应统一管理,根据不同情况由各工厂直接或经过处理达到排放标准后,放置于划定的地区。建筑垃圾一般为无污染固体,可用填埋法处理。生活垃圾是人们在生活中产生的固体废渣,种类繁多,包括有机物与无机物,应进行分类、收集、清运和处理。

拥有一个干净整洁的环境是每个都市人的愿望。但是,在我们每天的生活中却会不可避免地产生大量的垃圾,如何处理这些垃圾就成了摆在环保专家面前的一道难题。

目前,在我国的许多地方,处理城市垃圾的主要方法仍然是填埋。这种方法不仅占用了大量宝贵的耕地,还为大量的害虫和病菌滋生创造了环境,而且垃圾中产生的有害化学物质会对土壤和水源造成污染。长期这样下去,必将会付出昂贵的代价。

事实上,这些废弃物混合在一起是垃圾,如果分选出来就会成为资源。据统计,垃圾中的一吨废纸可以造纸800千克;易拉罐和玻璃瓶则几乎可以被全部再利用;一吨废塑料可以提炼出700千克汽油;而剩余的生物垃圾还可制成优质肥料;其他不能回收的则可以燃烧发电。所以,有人说垃圾只是“放错了地方的资源”。

为了解决垃圾分类的难题,我国的环保专家进行了坚持不懈的研究,终于研制成功了一种垃圾分选处理系统。从城市中运来的垃圾首先被传送到这个系统中的负压舱中,再经过干燥脱水处理后粉碎;由于负压舱中的气压比正常的气压低,所以由垃圾产生的臭气、废气、渗滤液等不会向外散发,舱内产生的沼气则通过管道被自动收集起来,作为焚烧时的助燃气。

然后,经过破碎后的垃圾通过垂直风选管道,在这里,较重的固体垃圾被运送到磁选机中,利用磁性把铁金属分选出来,而铝选机则可以把其中的铝金属分离出来。较轻的部分则通过水平风选、垂直风选等流程,把其中的塑料、废纸从稍重的物质中分离出来。再在静电分选机中被附上不同的电荷,最后实现分离回收。剩余的不带磁性的固体垃圾则根据它们在弹跳时不同的运动速度和弹跳轨迹,从而实现分离的目的。

剩余的杂物经过再次破碎和摇床的筛选,可以把其中的有机物分离出来。这些有机物经过脱水和生物发酵等处理后,就可以成为肥效高、又对土壤没有有害作用的优质有机肥,它们可以被用在无害农业的生产中,从而达到变废为宝的目的。

其余不能回收的垃圾经过干燥处理并与其他热燃值高的物质混合均匀后,被送到焚烧炉燃烧发电。燃烧时排出的烟气经过循环水的处理已经杜绝了有害气体的产生。据估计,如果将一年中的垃圾全部加以利用,其产生的能量将相当于一千多万吨石油,几乎占全国石油年产量的1/10。

垃圾分选设备的研制成功,不但可以解决困扰现代社会的环保问题,同时也可以为社会创造出更多的财富。

大连的空气监测技术

空气监测

指对存在于空气中的污染物质进行定点、连续或定时的采样和测量。为了对空气进行监测，一般在一个城市设立若干个空气监测点，安装自动监测的仪器作连续自动监测。将监测结果派人定期取回，加以分析并得到相关的数据。空气监测的项目主要包括二氧化硫、一氧化氮、碳氢化合物、浮尘等。空气监测是大气质量控制和对大气质量进行合理评价的基础。

也许有一天，当您驾车进入大连的时候，您也会遇到这样的检查。如果检查结果不合标准的话，您的旅行计划将不得不改变。可是当您驾驶着汽车融入这样的环境时，您就会理解环保人员为什么这么苛刻了。

人类社会进入了一个新的世纪，环境问题也越来越受到世人的瞩目。欣赏环境、享受环境也已成为了人类生活必不可少的组成部分。当吸着新鲜的空气、沉浸于环境带给您的悠闲与欢乐的时候，您也许不会察觉时时刻刻发生在身边的事情。

这是一座位于大连市中心的大气监测站，里面的工作人员正在检查近期内监测站的各项大气含量指数。像这样的大气监测站在大连共有10座，可以24小时提供各种数据。

从大气监测站获取的数据和采集的空气标本，都将会送到这里进行分析。这里的工作人员利用这些现代化的仪器设备，对空气中6种有害气体进行分析，时时刻刻地在保卫着大连的天空。

对于那些监测站顾及不到的区域，大气监测车可以驶到城市的任何一个角落，发挥流动哨的作用。在半小时之内，监测车就可以完成安装调试的工作。车内的先进仪器和监测完全一样，可以发挥和监测站同样的作用。

城市大环境的监测还可以依靠架在高空的摄像监测器来协助工作，环保工作人员可以随时随地地观察城市中是否有新的污染源出现。

在大连市的街头，会经常发现工作人员采集数据。城市噪声的监测，也是环境治理和保护的重要组成部分。现场采集的数据,也会被送到监测中心进行分析、处理。

正是因为有了这样严谨的环境监测手段和先进的仪器,才有了这座花园般的城市。

大连的污水治理

近几年来,大连市已增加绿地面积160平方米,人均公共绿地面积达到8.5平方米。如此大面积的绿地建设,需要消耗大量的水。

这里每天都会有许多来拉水的卡车,这些水都是经过处理的中水。污水处理厂除了处理工业、生活污水之外,还肩负起向社会各界提供可再次使用的中水的任务。

大连市的许多工厂都拥有自己的污水处理设备,为了检测污水处理的程度,几条金鱼成为实验者。同时,环保人员还要定期到各个污水处理厂进行检测与取样的工作。

表面看似清亮的中水还要经过监测中心人员的化验,来观察是否会有不易被人察觉的污染物质。污水处理车可以对那些小规模的排污单位进行污水处理,经过处理后的中水和大规模污水处理厂处理的中水基本一样。

对于那些排污量大的工矿企业,环保人员会随时地对排出的污水进行取样,通过对排污的数量和各项指标的监测,确保流入大海的水不会造成更大的污染。

大连是一个三面环海的城市,海洋给城市人民和许多旅游观光者带来了无穷的乐趣。

海洋监测人员通过卫星定位系统,每年都要到固定的地点对海水环境进行定期的取样工作,像这样的固定监测点在大连海域一共有25个,取用的水样还将运回实验室进行各项指标的具体分析。

大连市每年都要进行枯水期、丰水期、平水期等3个水期的监测,对大连湾、大窑湾、南部沿海南29个约260平方千米的海域,进行悬浮物溶解氧等影响因子监测。

良好的海域环境为大连市的海水养殖业创造了优良的前提条件。同时,合理、科学地开发和利用海洋资源也为大连市带来了更大的发展。

海洋环境监测技术

海洋环境监测

在设计好的时间和空间内，使用统一的、可比的采样和检测手段，获取海洋环境质量要素和陆源性入海物质资料，以阐明其时空分布、变化规律及其与海洋开发、利用和保护关系的全过程。

大海总是以坦荡的胸怀给予我们恩赐，为我们提供丰富的食物和矿产，但是，环境污染、赤潮、风暴潮等海洋环境的变化正影响着海洋生物的栖息与繁衍，甚至危及人类本身。在军事上，海洋环境还会直接影响到潜艇、鱼雷等武器装备的安全。

我国拥有一万八千多千米的海岸线、300万平方千米的管辖海域，采用高新技术对海洋进行全方位监测已迫在眉睫。为此，我国政府把“海洋监测技术”列入国家863计划“九五”研究计划中，使我国的海洋监测技术发生了巨大的变化。

声相关海流剖面测量仪，可用于深水流场测量和潜艇深水远程导航。“九五”期间，我国成功地研制出了实验样机，使我国成为世界上少数几个掌握这种技术的国家之一。

合成孔径声纳是目前国际上最热门和难度最大的技术之一，可用于水雷探测、海底沉积物打捞、海难救援、海底矿产勘探、地貌测绘等方面。经过4年的努力，我国在合成孔径声纳成像技术方面取得了重大突破，实验样机的成像分辨率达到了0.3米，进入了该项技术研究的先进国家行列。

高频地波雷达是获取海表面动力要素及低速移动目标的仪器。它具有探测距离远、面积大，并能超视距、全天候探测海面的优点，能够为海上工程建设、灾害预报等提供基础数据。我国已成功地研制出具有世界先进水平、作用距离达200千米的中程高频地波雷达。

温盐深剖面仪能够在海洋调查船上定点测量海水的

温度、盐度和深度，过去长期依赖进口，而现在我国研制的高精度温盐深剖面仪已达到世界先进水平。

海洋环境立体监测和信息服务系统上海示范区，是国家863计划“九五”期间的重大项目，由科学技术部、国家海洋局和上海市人民政府共同投资建设，它是我国第一个实现海洋立体监测的业务化运行系统。它采用海洋监测高新技术的最新成果，将近海环境监测技术、高频地波雷达、海洋卫星遥感应用技术等集成为一个从天空、海面到水下的立体监测和信息服务网络。它所涉及的仪器和传感器全部处于国内同类研究的领先地位，使我国的海洋环境立体自动监测技术与世界发达国家先进水平的差距缩短了10 ~ 15年。

这一系统的业务化运行，为上海和浙江海域的海洋综合管理、开发利用、环境保护、减灾防灾、军事建设和科学研究提供了准确、可靠、及时的信息，为建立我国整个管辖海域的海洋环境监测服务系统奠定了坚实的基础。

人类的海上活动离不开快速、专一、实时、动态的海洋环境信息保障。海洋环境监测技术的发展将为促进海洋环境管理、资源保护、灾害监测、海上生产作业和海洋军事等活动提供更好的技术设备和信息平台，为合理开发蓝色国土和振兴海洋经济提供有力保障。

还原碧水
——湖泊的数字化诊断

遥感技术应用现状

总体上说，遥感技术的应用已经相当广泛，应用深度也不断加强。目前，在地学科学、农业、林业、城市规划、土地利用、环境监测、考古、野生动物保护、环境评价、牧场管理等各个领域均有不同程度的应用，遥感技术也已成为实现数字地球战略思想的关键技术之一。

总之，卫星遥感技术的迅速发展，把人类带入了立体化、多层次、多角度、全方位和全天候的对地观测的新时代。

医生在给患者看病的时候，通常会使用B超、CT等检查仪器辅助诊断。因为这些仪器可以把人们看不到摸不着的人体内部的东西直观地展现在屏幕上。科学家们在对湖泊的生态状况进行全面检查的时候，同样会使用类似的仪器——这就是湖泊数字化测量和分析系统。

湖泊和人类一样，是一个有生命的水体。分布在不同地域的湖泊，不仅形式、大小各异，生态状况不尽相同，而且每个湖泊的形成、游移乃至消亡的过程更是各具特点。在人类认识的湖泊中，有的可以涉足而登、亲临其境进行考察，但是对于不少分布在茫茫高原或人迹罕至的荒漠区的湖泊，真可以说是可望而不可即了。对于这些湖泊，我们就靠数字化测量技术来认识、研究和利用它们。

湖泊数字化测量，是一种集卫星遥感、全球定位、水下声波探测和计算机等多项高、精、尖端技术于一身的综合分析系统，它可以用来对湖泊水下地形进行数字化测量，对生态情况进行实时监视。也就是说，在测量湖泊整体生态水平、绘制湖底地形的时候，采用卫星遥感技术——也就是通过记录和分析湖水光谱特征的方式，来探测和描述湖泊的全貌；在定点检测湖水具体细节的时候，通过使用全球卫星定位系统来进行工作导航和精度校验；在定点测量湖水深度的时候，应用水下超声波探测技术；在记录、整理、分析和传输检测数据的时候，连接和使用具有强大运算功能和速度的计算机。

可以说，湖泊数字化测量分析技术的核心，就是卫星遥感技术。在同一时间区间，不同性质的介质或不同厚度的介质会自然呈现出不同的光谱特征，而且它们之间有一一对应的关系。对于这项技术，其实我们是很熟悉的。比如我们每天都能接触到的由中央气象台发布的《卫星风云气象图》，气象专家们就是通过分析照片上的不同光谱特征来进行气象预报的。

现在有些科学家依据湖泊数字化测量系统提出了数字湖泊的概念，也就是说，人们可以建立一个与真实湖泊相对应的动态的虚拟湖泊系统，把整个湖泊环境资源和人文信息微缩在计算机中，为人们提供湖泊的地形、气候、土壤等自然条件的信息，帮助人们科学地评估该地区的发展前景，为保护湖泊的水生态平衡，尤其是对治理湖泊水质污染提供科学依据。同时，在发生自然灾害或突发事件时，可以迅速了解灾情和现场情况，找出最佳的救助方法和应急措施。在不久的将来，借助计算机和人工智能的研究成果，可以建立和健全湖泊水下生态信息资料数据库，开发出任何湖泊的模型和预测系统，到那时，人们完全可以在技术上对治理湖泊的水质污染充满信心。

还原碧水
——微生物治理湖泊水体

微生物

是包括细菌、病毒、真菌以及一些小型的原生动物、显微藻类等在内的一大类生物群体。它个体微小，却与人类生活关系密切。涵盖了有益有害的众多种类，广泛涉及健康、食品、医药、工农业、环保等诸多领域。其构造简单，有单细胞的，简单多细胞的，非细胞的。进化地位低，大多依靠有机物维持生命。

这些享受戏水快乐的孩子们，可能已经忘记了，两年前这里还是蓝藻遍布，臭气熏天，受到严重污染的人工湖。

蓝藻在湖面上大规模爆发时专家称为蓝藻水华，它是我国乃至世界许多浅水湖泊普遍存在的污染现象。近几十年来，随着社会和经济的发展，人们对湖泊各种资源过度开发，加上大量未经处理的生活污水和工、农业废水排入湖内，湖水中有机物和氮磷营养物质的含量加速增长，使湖泊出现了富营养化现象。它的直接后果就是会引发像蓝藻这样的少数有害藻类过量生长，从而导致其他水生动植物的普遍死亡。

针对这一问题，中山大学的专家们在华南植物园应用了复合微生物技术来综合治理湖泊污染。具体方法就是在受污染水域投放复合微生物菌剂，通过繁殖大量菌群来降低水体中的氮磷营养物质，从而消除有害藻类暴发性生长的条件，就像我们大家熟知的“釜底抽薪”一样。

物竞天择，适者生存。在湖泊中，作为“外来户”，实验室中人工培育的微生物菌群必将受到水体中其他无数土生土长的微生物菌群的强力排斥和恶意竞争，这使得许多在实验室中表现非常优良的单一菌群在实际环境中常常失效。所以，研制由多种菌群构成的复合微生物菌剂，提高菌群的环境适应能力和综合作战能力，就成为这项技术需要解决的关键问题。

中山大学专家们还研制了独特的固化技术，将复合微生物菌剂投放到水体和底泥中。这些经特殊方法培养而成的复合微生物菌剂与单一菌群相比,具有荣辱与共、功能互补、协同作战的特点。这种菌剂主要由光合菌、放线菌、乳酸菌和酵母菌等微生物组成,它们当中有的分解水体中的营养物质,切断有害菌群的营养供给;有的产生能够抑制其他野生菌群继续生长的"抗生物质",为复合菌群和其他无害野生菌群开拓生存空间;有的吸食水体中产生恶臭的小分子化合物。

这样一来,蓝藻等有害水生植物的密度和藻毒素浓度会大幅下降,水体的透明度和溶解氧含量明显增高,水体生物尤其是微小浮游生物的多样性指数将会不断提高,最终使湖泊水体生态平衡得到自然恢复。

由于湖泊不同水域、不同时间的各项富营养化指标和各类微生物菌群的生存状态都会有很大的差异,所以,专家们特别提醒:在使用复合微生物技术综合治理湖泊水体时,需要像中医看病一样具体问题,具体分析,"因湖而异,对症下药"。

还原碧水——植物保持湖泊水体

小李是广东肇庆星湖风景区的园林工程师,巡视湖区是他工作的一项内容。湖区正采用生物修复的方法来治理湖水的富营养化问题,因此,湖区中各类水生植物的生长状况每天都牵动着小李的心。

星湖,是一个已有几百年寿命的湖泊。这些年,全国的大小湖泊都出现了不同程度的富营养化现象,但是星湖的水质仍能保持国家二级地面水标准,其中最主要的原因,恐怕就是它的水体中生长着大量的沉水植物,也就是我们常说的水草。

科研人员在调查研究中发现,湖泊的富营养化是由于过量的有机物和氮磷营养物质在水体中沉积造成的。而沉水植物例如苦草、竹叶眼子草、弧尾藻等水生植物,它们整株生活在水中,根茎叶都可以吸收水中的营养物质,在光线较弱的情况下,把它们转化成自身的有机物。可见,沉水植物的生长发育过程就是吸收水中营养物质的过程,也就是不断净化水质的过程。因此也有人将沉水植物比喻为水体中的天然净化器。当然,种植水草还要讲究科学的方法。

此外,沉水植物在进行光合作用的过程当中,还能释放出大量的氧气,给需要氧气的生物提供良好的生存环境,形成丰富多彩的以沉水植物为主的水下生物群落。而营养物质可以在这个生物群落中进行良好的循环,因此,沉水植物又被形象地称为水下森林。

星湖湖区遍布有9科11属11种水生植物，它们每天都在和不良藻类争夺着水体中的营养物质，仅湖区沉水植物苦草一项每年就可以除去总氮1.89万吨，总磷2 000吨，这些沉水植物起着直接净化湖区水质的作用。种植水草还有个优点，那就是收获后还可以加工成优质饲料和肥料。

此外，星湖管理局还在湖面上种植了大面积的以荷花为代表的挺水植物。它们不仅给风景区秀丽的湖光山色增添了一份妩媚，而且还具有相当的经济价值。更重要的是，它们具有占据和破坏蓝藻等有害水生植物的生存空间、抑制水华萌发的功能。说到对湖水的净化作用，不能不提到湖滨绿化带。各类茂密的树木花草，既能“固定泥土，涵养水源”，又能有效过滤流入湖区的污水，降低有机物和营养物质的补充速度。经过众多水生植物的共同作用，尤其是沉水植物的净化功能，星湖水体的水质得到了较好的修复和保持。

实践证明，防止水体富营养化，维持水生态平衡，有多种途径。其中之一，就是通过适当的工程措施，保护和种植水生植物，将“藻型水体”改造成“草型水体”，还湖泊原有的连天碧水。

还原碧水之截污疏浚

位于我国西南部的高原淡水湖——滇池，被喻为高原明珠，湖水曾经清澈明净可以直接饮用，是滇池流域饮用水的水源，当地人亲切地称之为"母亲湖"。

但自20世纪80年代后期，由于工厂产生的大量工业污水、居民的生活污水、农村中的生活垃圾以及携带农药的农田径流等不经过处理就任意排放，滇池逐渐变成了藏污纳垢的地方，水质恶化、水华泛滥、生态紊乱。所以在湖泊治理中，截断污染源是一个重要环节，湖泊专家把对污染源的治理分为面源控制和点源控制。

湖泊中50%的氮磷已被证明是由于湖泊周围农村中的污染源导致，这部分污染物包括农村生活垃圾、生活污水、农田土壤中氮磷流失和周围山地台地氮磷流失。由于农村的污染源相对分散，专家们把这部分污染称为面源污染。

面源污染简单说来就是"晴天积累，雨天释放"，晴天时，各种污染物堆积或附着在地面上，一到下雨天，暴雨径流就会把污染物携带到湖泊中造成污染，污染物中主要含量是氮磷。对面源污染的治理主要是消除氮磷。

复合生态床技术就是针对农村流量小、但浓度大的生活污水进行净化的一种方法。在实验基地我们看到，复合生态床是指上层种植着各种植物，中间铺有各种砾石的一块土地。污水流经集水井、沉淀池、复合生态床、生态床中的砾石、沙、炉渣，对污水进行悬浮物的过滤，生态床中的植物和土壤中的微生物重点进行氮磷的吸附，通过对比可以看到，经过生态床处理过的水质明显得到改善。事实上，经过测试，水质已经达到国家排放标准。

人工复合生态床

就是在人工湿地形式的基础上，在其内部填充多孔的、有较大表面积的介质，以改善湿地的水力学性能，为微生物提供更大的附着面积，同时增强系统对污染物尤其是氮、磷的去除能力。

另外，采用堆肥技术，可以使农村中的生活垃圾转化为有机肥；采用精准化施肥可以减少土壤中氮磷的流失；在靠近湖泊的湿地种植沉水植物和挺水植物可以限制周围山地台地的氮磷随雨水直接进入湖泊。

与农村的污水不同，城市污水相对集中，专家们称之为“点源污染”。点源污染危害最大的是工业污水。采用“中和污水处理法”，对污水加入化学试剂，通过中和反应，再沉淀过滤之后，排放出的水不仅达到了国家的标准，50%还可以循环使用。

在截断上述污染源之前，许多湖泊已有大量污染物沉积在底部，形成底泥。底泥中含有许多有机物，致使水质发黑发臭，水中生物大量死亡。底泥被比做湖泊底部的“溃疡”，底泥疏浚工程就是对这一“溃疡”进行的切除。用装有搅吸式离心泵的船只在湖中抽出底泥，经过管道输送到岸上一个专用的堆积场所。底泥经过沉淀，上面的清水又流回湖中，底泥就沉淀下来成为肥料。

如果对每一个湖泊能够在点源、面源、底泥方面进行综合治理和维护，相信碧水蓝天的恢复就不再是一个奢望。

还原碧水之蓝藻治理

紧邻武汉市区的东湖是一个美丽的地方。然而，在1983年8月的一天，武汉人闻到了一股从东湖传来的臭气。原来这里爆发了大面积的蓝藻水华，它就像一个恶性肿瘤，打破了东湖昔日的宁静和美丽。但令人费解的是，一年之后，蓝藻水华奇怪地消失了。

蓝藻水华是什么呢？它其实就是老百姓通常所说的“海油”，是一种绿色藻类大规模的爆发，由于它的光合色素主要是蓝色，所以科学家们把它称为蓝藻。蓝藻的细胞结构与细菌相似，所以，有人也把它们称做“蓝细菌”。正如细菌的特点一样，它的生长速度非常快，世代时间短：快的20分钟一代，慢的约30小时；并且具有很强的捕光能力，即使在黎明或傍晚的亮度也能快速进行细胞分裂。这些特点使它在生存方面成为湖泊中的佼佼者。某些蓝藻，尤其是能够爆发成为水华的蓝藻，体内含有毒素。我国80%的湖泊都面临着蓝藻水华的爆发。通常情况下，每升水中的生物含量为几百万个细胞，严重发生蓝藻水华的湖泊每升水达到几十亿个细胞。大量的蓝藻水华会消耗掉水中的溶解氧，水体中的鱼类及其他生物会因缺氧而导致死亡，造成生物多样性的破坏，进而成为严重制约经济建设和社会发展的因素。

那武汉东湖的蓝藻水华是怎么消失的呢？它是不是一种偶然呢？经过对水体的分析，中国科学院水生所的科学家们发现，原来令蓝藻水华消失的不是别的什么神秘事物，而是放养在水中的鲢鱼和鳙鱼，而事先人们放养的目的并不在此。

令人惊讶的是鲢鱼、鳙鱼居然把蓝藻当做自己的食

蓝藻危害

1. 蓝藻很难消化，造成水体富营养化。在一些营养丰富的水体中，由于难以消化，所以很多鱼类不吃。有些蓝藻常于夏季大量繁殖，并在水面形成一层蓝绿色而有恶臭味的浮沫，即“水华”。大规模的蓝藻爆发，被称为“绿潮”（和海洋发生的赤潮对应）。绿潮引起水质恶化，严重时耗尽水中氧气而造成鱼类的死亡。

2. 蓝藻水华引起水体生物多样性急剧降低。蓝藻大量繁殖恶化了水中的通风、光照，致使缺氧；导致水中浮游生物的生长繁殖，从而阻碍水藻的光合作用。减少了鱼类的生存空间，使与池中的丝状藻和浮游藻等不能合成本身所需要的营养而导致死亡。

物。一条一寸长的小鲢鱼约80克,一天需要食物量为20克蓝藻,要长大到3 ~ 4寸,一年间它要消耗掉的蓝藻多达88斤。100吨鲢、鳙鱼在一年的时间内就会使5万5千吨的蓝藻被转化为其他水生物可利用的物质。用鲢鱼、鳙鱼来治理蓝藻实际上是生态环境中食物链原理的体现。

那么吃掉有毒蓝藻的鱼类会不会成为携带危险物质的生物,会不会成为人类新的威胁?研究发现鱼类通过自身的代谢活动,有害的毒素最终会被转化成无害的物质。武汉东湖蓝藻水华消失现象为利用水生动物治理蓝藻提供了科学的依据。

机械除藻也是治理蓝藻的办法之一,这种方法本着有效、安全、经济的原则,对蓝藻进行化害为利式的治理。首先借助风力或人工外力,把湖面上的蓝藻收集在一个小水域,经过滤水、去毒、干燥等工序,使滤得的藻泥变成了有用的饲料或肥料,避免了常规情况下把蓝藻堆在湖边造成的二次污染。

科学家们目前也正在用微生物、植物等办法来治理蓝藻,这是一个系统工程,需要一个长期的不断摸索的过程。但愿有一天,中国的湖泊能以它固有的宁静与美丽重现在世人面前。

“

3. 蓝藻大量繁殖导致水体缺氧,水质变坏。由于缺氧甚至无氧且水质变坏,蓝藻中有些种类(如微囊藻)还会产生毒素(简称MC),大约50克的绿潮中含有大量MC。MC除了直接对鱼类、人畜产生毒害之外,是强烈的致癌物质,也是肝癌的重要诱因,直接威胁着人类的健康和生存;而且MC耐热,不易被沸水分解,但可被活性炭吸收,所以可以用活性炭净水器对被污染水源进行净化。

留住生命的绿色

几十亿年前，在源源不断的紫外线辐射之下，年轻的金星和地球的大气都演化出了以氮和二氧化碳为主的稳定的大气层。但后来，这两个星球却出现了截然不同的变化。

二氧化碳是一种能引起温室效应的气体，它使到达地表的热量不能释放到太空里去，热量的聚集使得行星表面的温度不断升高。金星就经历了这样一次失控的温室效应，从而变成了一个高温难耐的荒凉世界。而地球的温室效应却没有使它遭逢金星那样的厄运。地球比金星离太阳更远一些，这当然是一个原因。但更重要的一点是，生命在这个星球上开始发展了。

就像我们已经知道的，植物的光合作用使细胞借助阳光中的能量把水分子分解成氢和氧，其中氢不断与二氧化碳结合，形成维持生命的碳水化合物；而氧则被释放到大气中。由于光合作用的存在，地球的大气逐渐由以氮和二氧化碳为主变成了以氮和氧为主。现在，大气中氧占21%，二氧化碳占0.035%。这样，温室效应被降到最低的程度，地球仍然凉爽，并且能留下独特的液态的海洋和充满游离态氧的大气层。

作为生命历史的后来者，那些需要氧气的生物包括我们人类能拥有一个适于生存的大气层，应该感谢那些进行光合作用的绿色生命——植物。

工业革命以后，人类的活动规模和范围越来越大，由植物的光合作用所建立起来的二氧化碳和氧的比例平衡面临被打破的危险。高大树木构成的森林是地球上进行光合作用的重要植被。然而，它们在快斧利锯的欢歌中

“

二氧化碳的危害

现在地球上气温越来越高，是因为二氧化碳增多造成的，因为二氧化碳具有保温的作用。现在这支小部队的成员越来越多，使温度升高，近100年，全球气温升高0.6℃。照这样下去，预计到21世纪中叶，全球气温将升高1.5 ~ 4.5℃。

海平面升高，也是二氧化碳增多造成的，近100年，海平面上升了14厘米。到21世纪中叶，海平面将会上升25 ~ 140厘米。随着海平面的上升，亚马孙雨林将会消失，两极海洋的冰块也将全部融化。所有这些变化对野生动物而言无异于灭顶之灾。

空气中含有约0.03%二氧化碳，但由于人类活动（如化石燃料燃烧）的影响，近年来二氧化碳含量猛增，导致温室效应、全球气候变暖、冰川融化、海平面升高……旨在遏止二氧化碳过量排放的《京都议定书》已经生效，有望通过国际合作遏止温室效应。

一片片地消失了。50年来，世界森林由占地球陆地面积的1/4锐减到1/6。远古植物演化而成的煤、石油、天然气等化石燃料被大量利用，每年向空气中排放的二氧化碳总量超过60亿吨。由于人类活动，大气中的二氧化碳浓度增加了10%。

二氧化碳增加所产生的温室效应人们已经谈论很多了，而这种变化对动植物的影响在很长的时间尺度内才能显现出来。不过，人们已经发现，一些植物对二氧化碳浓度增高不适应，它们会逐渐改变基因遗传类型；一些适应性不强的植物会灭绝；而且，植物体内的碳和氮的比例发生变化，合成的碳水化合物增多，而蛋白质数量下降。这些变化会对整个生物圈发生难以预料的影响。比如，实验表明，在二氧化碳浓度高的环境里，植物的雌花数量明显高于雄花数量，与之相应，雄性昆虫的数目也大大减少。

甚至有的科学家预言，二氧化碳浓度的增加，将加大业以存在的地区与国家之间的不平衡。发达国家可以利用技术上的优势培育新的、适应高二氧化碳浓度的作物品种，而发展中国家只能被动地承受二氧化碳浓度增加带来的风险。

植物通过几十亿年的光合作用在地球上构筑起了庞大的生物圈和包括碳与氧在内的物质循环，这是大自然和谐运转的基础。而这一基础一旦被人类在顷刻之间打破，它的后果将是什么？

奇异的固体水

生活在内蒙阿布嘎旗的老张一家三口，每年都要在自家院前的沙地上种草植树。年复一年，沙尘依旧，面对不尽如人意的结果，他们希望有一种办法能帮助他们，尽快使他们的家园变回记忆中的绿洲。

不请自来、登堂入室的沙尘正在威胁着人类的家园。人们已经意识到森林能够涵养水源、防止荒漠化以及降低大气污染等，所以，每年投入大量人力物力开展造林种草活动。但是许多干旱地区由于水源、设备地势等条件限制，大多采用不浇灌法植树造林，可是这种方法成活率非常低，出现了年年造林不见林的现象。

20世纪90年代末，科学家们有针对性地发明出了专门为干旱以及水源不易到达的地区造林使用的固体水。固体水，在国外也叫干水，它内含98%以上的水分，是一种集微生物和化学技术为一体的生态环保产品。与普通水相比，固体水具有固态物质的物理特征：在常温下，不流动、不蒸发、0℃不结冰，在100℃也不融化；它的外观看起来更像是有弹性的胶状体。因此，能在常温情况下使用常规手段进行运输、使用和保存。固体水的奇异之处就在于它暴露在空气中不蒸发，散布到土壤中不渗透。只有在植物根系周围有微生物的土壤中才发生生物降解，还原成自由水释放出来。

植物主要是通过根系来获取水分的，只不过它的吸水方式很挑剔，只有在含水量7% ~ 25%有效范围内才能吸收，水分含量低于7%，植物就会旱死；高于25%就会因涝而不能存活。植物的吸水习惯有些像人们所称的“细嚼慢咽，少吃多餐”。供水次数越多越好，最好连续供

固体水

97%是水，另外的3%是从植物中提取的一种高分子聚合物，其作用是将水分子固化。

这种产品对环境没有污染，是一种无公害产品。种树时，将固体水靠着树苗的根部埋入土中，通过微生物分解，固体水逐渐缓释，可在3个月时间内为树苗提供充足的水分，直到树根扎进潮土层，树苗基本成活。

水。固体水正好能满足植物的这种要求，在微生物作用下它会把还原的自由水24小时缓缓不断地释放给植物根系。而它的释放速率，恰好能够与植物的吸水要求达成默契。也就是说，植物吸水和固体水供水同步发生。

在干旱地区，沙化的土壤会迅速渗透和蒸发水分，用灌溉法植树，先后要浇将近半吨的水，才能种活一棵一年生的树苗。而树苗吸收的水分还不到1千克，水的浪费极其严重。固体水具有不流动、不渗透的特点。因此，仅用1千克的固体水就可以种活一棵树苗，水的利用率很高。北京林业大学的专家们经过试验后肯定，在植树时，根据不同树种，在树的根部按照正确的方法埋下一定量的固体水，就能保证树木安全度过可能长达3个月的旱季存活下来。去年4～8月，河北双峦林业局在降水仅为80毫米的情况下，使用固体水技术使造林成活率达到了81%以上，而未使用固体水的苗木几乎全部枯萎死亡。

沙漠地带，水贵如油。与其他方法相比，固体水具有相对节水、不受地形限制和没有污染等优点。可以说，它为干旱地区大面积植树造林及荒漠化治理提供了一种新的手段。

安全处置放射性废物

在现代社会中生活着的人们对于放射性元素已经不再陌生了。我国的大亚湾核电站与秦山核电站就是用放射性元素发生裂变所产生的能量来进行发电的；而医院的放射科则是利用放射性元素产生的射线来检查疾病或者做杀死癌细胞的放射性治疗；在农业、食品工业等等其他行业中也经常要用到放射性元素。

这些元素在为人类造福的同时，也会产生一些具有放射性的废物。因此，如何妥善处理好这些废物关系到我们生存环境的安全，也是各个有核国家政府和公众关心的一个重大问题。

李书绅（中国辐射防护研究院研究员）："为了解决这一问题，中国辐射防护研究院与日本原子力研究所的科学家，自从20世纪80年代以来，开展了核素在包气带、含水层和工程屏障材料中的野外迁移试验方面的合作，利用获取的大量现场实测数据和实验室模拟结果，对评价模式进行了检验和校正，大大提高了废物处置安全性预测的可信度。"

这些研究不但为我国制定相关的法律法规提供了科学的依据，也为安全处理和处置放射性废物奠定了基础。

根据形态，放射性废物被分为气载废物、液体废物和固体废物三类。按照废物中放射性物质的含量，又分为高放射性废物、中放射性废物和低放射性废物。

对于气载废物，最常用的处理方法是用过滤器加以过滤，使大部分放射性物质转移到过滤器上。过滤后的气体达到一定的管理标准，然后才能排入大气，而带有放

放射性废物处置的基本原则是

1. 改革不合理的工艺操作，防止不必要的污染并开展废物的回收利用（见放射性废物利用）。

2. 对已产生的废物分类收集，分别贮存、处理，处理方法要求安全、经济、净化效率高和简单易行。

3. 尽量减小容积以节省运输、贮存和处理费用。

4. 向环境稀释排放时要按照"合理、可行、尽量低"的原则严格控制。

5. 以稳定的固化体形式贮存，以减少放射性核素迁移扩散（见放射性废物固化）。

6. 废物的最终处置必须做到同生物圈有效地隔离。

射性物质的过滤器要进行进一步的固定和处置。

对于放射性液体废物则需要用浸出率极低的玻璃或水泥、沥青等加以固化,然后装在特制的容器内进行处置。

不同类别的放射性废物都要变成固体后才能进行处置。处置的目的是使放射性废物与人类环境隔离开来,以确保人类环境的安全。

目前,高放射性废物处置一般被放置在1 000米左右深的岩石中,而中、低放射性的废物则被放置在地下水以上地表以下50米深的处置库中。

放射性废物被固化以后,通常包装在碳钢材料做成的容器内,被一层层堆放起来,中间的空隙被缓冲材料填满。整个处置库由钢筋混凝土建造,再加上周围的天然屏障,就构成了多重屏障。这些设施可以保证放射性废物在300年到500年内不会对人类和环境产生不利的影响。

除此以外,处置场还要建造在不会被洪水淹没的地区,并且远离地面的水源。有了这些措施和手段,科学家还要在一定时期内进行监测和维护,保证放射性废物不会泄漏到周围的环境中。

在以后的时间内,由于放射性废物会逐年衰变,放射性的危害会大大降低。人类在享受科学所带来的成果的同时,又一次用科学的方法保证了自身和环境的安全。

监测海洋

2002年5月15日，我国海洋一号卫星顺利发射升空，经过4个月的调试运行，9月18日，中国航天工业集团公司正式将海洋一号卫星交付给国家海洋局使用。

在国家卫星海洋中心地面控制室里，屏幕上显示着卫星的运行轨迹和传输回来的海洋观测图像。

3个月前，就是在这里，科研人员根据卫星发回的海洋观测图像判定：我国东海海区有异常情况，这有可能是爆发大面积赤潮的征兆。

接到报告，国家海洋局东海分局立即派出海监船开赴赤潮发生海区进行现场取样调查。经过现场验证后，有关部门发布了赤潮预警报，并采取紧急防范措施，尽可能减小赤潮灾害对养殖业的危害。

海洋一号卫星上装备有先进的水色仪和CCD成像仪，这两台仪器的光学系统和红外探测器可以把海水的颜色、海水的温度、海水的污染等情况记录下来，再通过卫星上的传输系统传送给国家卫星海洋中心的科研人员。

海洋一号卫星在距地面798千米高空运行，每100分钟绕地球一圈。因此，可以快速发现海洋中大面积的异常现象。从这幅卫星遥感图像中，可以看出海水中的赤潮分布情况。这些遥感观测信息为国家海洋主管部门准确地监测海洋污染，进而更好地管理海洋、研究和开发利用海洋资源提供了准确的科学依据。

海洋一号卫星的升空，使我国拥有了由海洋卫星、海监飞机、海监船、海洋监测浮标等高科技手段组成的海洋立体监测系统。有了这些监测系统，海洋科研人员就像有了千里眼，不用走出办公室，就可以看到远在万里之遥

海洋一号卫星

代号为HY-1，是应国家海洋局要求研制的一颗试验业务卫星。主要用于海洋水色色素的探测，为海洋生物的资源开放利用、海洋污染监测与防治、海岸带资源开发、海洋科学研究等领域服务。

海洋一号卫星于2002年5月5日发射，结束了中国没有海洋卫星的历史。

的上百万平方千米海洋上发生的各种灾害，这使我国对海洋的监测和管理达到了世界先进水平。

2000年6月，海监飞机监测到一条集装箱船在舟山海域泄漏油污，在海面形成了20米、宽5千米长的污染带，随后巡视的海监船也证实了这一污染情况。由于监测及时，污染情况得到了有效的控制。

我国拥有近300万平方千米的管辖海域，海洋污染和灾害的发生严重地影响着国家对海洋资源的开发和利用。因此，监测海洋是为了科学地管理好海洋。今后几年是我国经济快速发展的时期，我国的海洋环境监测工作将更多地采用高新技术对海洋进行全方位的监测和管理。在海洋一号卫星之后，我国还将继续研制和发展我国自己的系列海洋卫星，为海洋的可持续开发利用和振兴海洋经济提供有力的保障。

中水回用

在这个不起眼的房间里，我们看到为水资源可持续利用默默工作了十几年的吴国潢老人。尽管已是76岁高龄，但这位老节水模范仍然在北方交通大学中水处理站站长的岗位上工作着。

中水，是处理污水后产生的水。虽然不能用于洗衣做饭，但是在这所大学的校园里，却能够用来喷洒降尘、冲洗汽车、浇灌花木，还给大学生们营造出春光明媚的明湖风景，吴国潢老人科学地回用中水，相当于每年为学校节约自来水2万多吨，因此被人们誉为“节水大王”。

节水，是人们今天应该十分认真对待的问题。因为比能源危机更加严重千百万倍的全球性水资源危机，已经摆在人们面前。如果不采取科学的用水和节水措施，我们这一代人很快就将面临无水可用的尴尬局面。地球水资源的总量不可能增加，人们在生产生活中会产生许多污水，如果有可能重复使用一部分水，也就相当于节省了宝贵的水资源。实际上，许多人已经在这样做了。

但是，污水是应该经过无害化处理的。大自然对净化污水有其自己的程序。人们仿照自然界中的水的净化循环过程，加以科学的浓缩加强后，形成现代化的污水处理方法。在北京高碑店污水处理厂里，每天可以产生近百万吨中水。

这些中水通过北京的城市中水管线流进公园去美化环境；同时，还被大量地回灌到地下储水层中，从而恢复更多的“天然水” 循环，保持大自然的生态平衡。

城市中还有许多使用中水的节水大户，例如一座星级饭店，几百套客房，每天的生活污水就有二百多吨，让

中水回用

“中水”一词是相对于上水（给水）、下水（排水）而言的。中水回用技术系指将小区居民生活废（污）水（沐浴、盥洗、洗衣、厨房、厕所）集中处理后，达到一定的标准回用于小区的绿化浇灌、车辆冲洗、道路冲洗、家庭坐便器冲洗等，从而达到节约用水的目的。

这些水白白流掉,既浪费水资源,又污染环境。具有节水意识的饭店,在1986年扩建时就开始设计中水回用系统。现在,饭店的中水处理站经过污水处理工艺后,每年可以把7万多吨符合国家标准的中水作为卫生间冲厕用水送到客房。

许多城市新建的住宅工程,设计安装了中水回用系统。但是已经使用的居民住宅很难再拆开墙体安装中水管道,于是,许多民用中水循环节水器就应运而生了。

人们可以把洗手、洗衣服的水,经过这种民用节水器过滤消毒后,再泵入高位储水箱,用于卫生间用水,使这些宝贵的水为家庭服务两次后再排入下水道,为家庭节省了水费开支。

中水回用可以给人们节省水费,但更重要的是可以节约人类赖以生存的水资源。只有每一个人都能科学用水和科学节水,我们的经济社会才有持续发展的可能,而我们也才能够给子孙后代留下他们应有的一盆净水。

大自然的分形几何

从浩瀚无边的宇宙到我们居住生活的地球，到处充满了神奇而又美丽的形状，这些千姿百态的形状带给我们美的享受，也给科学家带来解答问题的灵感。

两千多年前，古希腊的数学家欧几里得从自然界不同形状的物体中抽象出点、线和面，并且用这些最基本的元素构成了各种各样的几何体，创立了欧几里得几何体系。

这些几何知识使我们可以方便地对物体进行描述、测量，分析和计算，大大推动了人类文明的进程。艺术家也从中汲取到伟大的古典美，那是一种充满了理想的美。

然而，真实的大自然却并不是我们想象中的那样理想。树木的表皮不像圆柱体表面那样光滑，高高耸起的山峦并不是理想的锥体，曲折的海岸线是由一些不连续的海湾和岛屿所组成，而划过天空的闪电充满了不规则的分叉。大自然中到处是各种各样复杂而又不规则的形体，它们共同构成了这五彩缤纷的大千世界。

然而，复杂之中也蕴含着规律。树木形态万千，但是从树干到树枝，再到更小的树杈，都有着相似的结构。从空中望去，河流就像一棵躺在地上的巨树，干流与支流之间存在着相似的特征；野外作业的人们无法根据云朵来判断距离的远近，因为天空中距离我们200米远的和2 000米远的云朵，它们的不规则程度几乎完全一样。从飞流直下的瀑布到海岸岩石的裂隙，从草丛中一朵无名小花到海洋中美丽的珊瑚，这些大自然的造物，好像经过了互相商量，不约而同地采纳了一种共同具有的结构。

1972年，法国的数学家芒得勃罗，创造了一个学科，叫做分形几何。那么这个几何来描写什么呢？描写一种不规则的几何形状。我们知道的一维、二维、三维，一维就是一条线，二维就是一个平面，三维就是我们平常一个方块或一个球。实际上，自然界里的东西并不是这样，而是一些复杂的不规则的一些形状。维数不是一个整数，而是一个分数，就是芒得勃罗的分形几何的核心。

1961年,英国科学家理查逊核查英国、比利时和荷兰的百科全书时,发现这些国家对共同的海岸线测量出各不相同的长度。同一条海岸线为什么会得出不同的结果呢?

原来,就是因为海岸线太不规则了。让我们模拟在飞机上俯瞰海岸线的过程,就可以发现海岸线并不是连续的曲线,而是由许多海湾和半岛所组成。随着高度的下降,原来的海湾和半岛里又涌现出新的海湾和半岛。高度继续下降,更精细的自相似结构就不断展现出来。如果用不同长度的尺子去测量,显然会得出不同的结果。实际上,海岸线既不是一维,也不是二维,而是介于两者之间的分数维,经过计算,它的维数大约是1.31。

这种分形结构在自然界的广泛存在引起了科学家们的关注,各个领域的科学家开始思考分形特征到底对他们有多大帮助。

在人们的眼里,大自然的神奇造化好像是神通广大的造物主精心策划的杰作,而科学家却从大自然中发现了组成这复杂世界的简单规律。

分形结构在自然界中广泛存在,连我们的身体中也有这样的结构。遍布全身的循环系统就是最好的例证。这是心脏的血管分布,大脑的血管分布。就体内资源来说,血液是宝贵的,循环系统必须把巨大的表面积挤进有限的体积以珍惜空间,因此血管和血液占用的空间不超过人体的5%。血管的各个分支像稠密的树枝一样,从直径较粗的主动脉到比头发丝还要细的微血管,它们分支再分支,直到使红细胞被迫排成单行滑动,以至于在多数组织中,一个细胞与血管的距离永远不会超过三四个细胞那么远。

经过亿万年沉积而成的岩石存在着许多微小的裂隙,这些不规则的裂隙是影响岩石力学性质的原因之一。

中国矿业大学的科学家对岩石样本施加压力,再通过高倍的显微镜把岩石样本产生裂隙和裂隙扩展的过程放大,经过计算机扫描分析裂隙的形态,从而获得岩石材料的力学信息。

用分形能很好地刻画这种几何形态,这种几何形态的形成与岩石的力学性质和材料包括它的能量耗散过程是相关的。所以,我们利用分形的几何刻画和相应的力学性质、能量耗散可以建立很好的模型和关系,有了这个关系以后,我们就可以来解释和分析一些在岩石破坏、断裂、变形中的现象并解决一些问题。

经过大量的实验和分析计算后,科学家在大同煤矿的工程爆破中开始实施他们的新技术。利用分形几何与爆炸能量之间的关系可以优化爆破方案,使得采煤效率大大提高。

南京大学固体微结构室是国家重点实验室,科学家在这里从事物质结构的研究。科学家通过显微镜不但可以看到物质的微小结构,还可以观察到一些物理反应的微观过程。

在一个安装电极的玻片上滴几滴硫酸铜溶液,溶液中的金属铜离子在电场的作用下就会向负极运动,凝聚成铜原子,凝聚的过程可以在监视器上观察到。

研究它主要有两方面的意义:一方面,对于分形这样一个形态,它是怎样分叉的,为什么会形成这种无规则的随机的分叉的形态,这是人们一直关心的一个问题,也是没有彻底解决的问题;另一方面,电化学沉积也是一个电镀过程,工业方面有非常广泛的应用,利用这个实验,我们可以控制实验条件,把生长条件、生长形态与铜的电学性质和其他物理性质联系起来。

在原子力显微镜下可以看到,铜的分形支岔实际上是由一些微小颗粒组成,而这些颗粒的大小直接影响到电子输运的性质,如果了解这些影响金属导电性质的因素,科学家就可以设法生产出人们希望的产品。

随着科学技术的进步,人类的视野已经扩展到更辽远和更微小的空间,然而,每一次尺度的改变就会发现新的现象和新的信息,每一次新的认识都会带来思想上的飞跃。

而分形几何已经成为科学家们描述和思考那些不规则形状的一种有效手段。

从宇宙中不连续的尘埃到地球上纷繁复杂的万物,大自然的分形结构似乎无处不在,难道这仅仅是大自然的偶然杰作么?

从空中看到的地球表面和山川河流,大自然中的树木森林、瀑布和冰川,分形结构随处可见,这些看似无规则的复杂物体都有分形几何所描述的共同结构。

在传统的几何学中,几何体经过尺寸放大,就会失去原有的结构,所以对于生活在地球上的古代人来说,很难想象地球会是一个球体。

而分形几何的图形在不同的尺度上却具有相似的结构。但是这些结构究竟意味着什么呢?

黄昀:“这样的一个结构的生成是演化的结果,是一种发展的结果,它必然会生成这样的一种结构。它实际上包含着一种淘汰、演化,就是说以最短距离灌溉最大的面积这样一种法则来控制着它。”

由于分形几何可以描述具有不同尺度范围的几何结构，这就启发科学家们跨越不同的尺度范围来思考问题。

在演化生物学中，生物学家开始清楚地认识到，一个完备的理论必须同时在种群、物种、单个生物体甚至细胞中去了解生物的发展模式。

风洞实验产生出与实际大气中相似的气流条件，可以用来检测飞机在高速飞行时的各项数据。

而由计算机不断迭代生成的分形图形已经引起了艺术家和哲学家们的共鸣。

这是一个以法国科学家芒得勃罗命名的一个数学集合，在计算机上用十几行左右的程序就可以生成。在这个分形图形中，当我们用越来越高的倍数把它放大时，可以看到分形的惊人特征，每一次放大都展现出新的结构，再次放大，又是相似的结构，在这里你也许能感受到由简单中所繁衍生息出的无穷复杂。

分形几何的计算机作品几乎成为一门艺术，你也许不会相信，这些逼真而又充满哲理的画面会是科学家们在计算机上利用分形几何的杰作。

通过计算机生成的分形树木，分形树叶，分形山脉，分形花朵，分形雪花……这些充满哲理和大自然趣味的分形画面带给人们无限的遐想。

甚至有人开始用这种图形设计服装。

好莱坞的电影设计大师甚至用分形几何创造出电影《星球旅程》中的一段场面。

而通过计算机处理，描述分形图形的数学集合竟然可以产生出美妙和谐的音乐。这里好像蕴含着大自然的无穷奥秘。

在百万光年的尺度下，宇宙结构得到了很好的描述；而描述原子的结构通常以纳米作为单位，也许是由于人类的局限才划分了描述世界的不同尺度，那么，能否超越尺度的界限了解到真实的世界呢？分形几何的发展也许带给我们更多启示。

独树成林

你可曾想到这片郁郁葱葱的森林是由一棵树演变而来?

这片大自然的奇观坐落在广东省新会市。这里枝蔓纵横,根系交错,蔚为壮观。这片森林又像飘浮在水面上的小岛,人们把大自然这种现象称做“独树成林”。

广东省新会市这片榕树林属细叶榕树,树高约15米,树冠投影面积达1.15公顷。

榕树的特点就是气根很多,这千百条下垂的气根迅速向下伸展,到达地面时便插入土中,转为正常的根系,并开始吸收土壤中的水分和养分。露出地面的气根便很快长粗,形成树干,并在上端长出枝叶。而每株的干、枝又能再生气根,形成新的植株。就这样周而复始,经过三百多年的演变,这里已经仿佛是一片原始森林,形成南国的一大奇观。

榕树属于高大常绿乔木,除有气根外,叶子能互生。榕树广泛分布于我国东南部、南部及西南部、亚洲南部,乃至大洋洲。榕树树形壮观美丽,所以各地都把它作为风景树及防风树来栽种。

三百多年前,这里是一条沙河冲出来的小泥墩。相传在明代景泰年间,这里连年遇灾荒,为求解除灾难,村民们用船载泥土沉落河中,叠成一个大土堆来拦截河水,后来逐渐形成一个小洲。

当年那位在这土堆插上一棵榕树的农民做梦都不会想到,现今这里已变成一大片森林,如今每天都有众多国内外游客来这里欣赏这大自然的杰作。这位老人为子孙后代办了一件大好事,村民们至今不忘这位不知姓名的先人,村民们立下村规民约,不准砍树,不准捉鸟,让这片生命的绿色永远造福子孙后代。

当你漫步在这个榕树岛上,榕树垂根千条,枝干无数,人们已经无法辨认哪一棵是原来的母树。

海洋活性物质

种子的基因决定植物的性状，但种子从发芽生长到开花结实，完成这一完整过程，还要依靠自身的营养及发挥其他成分的作用。

我们利用高科技手段，使种子的基因发生变化，或者是让它的DNA链出现部分断裂和重组，则有可能导致农作物增产，这无疑为农业发展探出了一条新路。不过，科技界对种子的研究应当更全面化，应当是一个系统工程。

我们知道，一切生命最初都是来自于海洋。今天，绝大多数农作物经过漫长的进化历程，已脱离了海洋。但是科研人员发现，有一种海洋活性物质对农作物的生长能起到促进作用，这种活性物叫氨基多糖。

氨基多糖被认为是迄今为止自然界唯一的一种带阳离子的天然多糖，植物体内不含这种物质，而存在于海洋生物如虾蟹等外壳中。这些动物生活在大海中，吸取多种营养成分，最终聚集了氨基多糖。

植物体内不含氨基多糖，但含有多糖酶，酶在生命过程中具有非常重要的作用。可以说，它是一切生命的催化剂，而氨基多糖可以诱导酶的形成。更简单地说，氨基多糖是一种特殊的活性物质，它进入植物种子后，可以使植物体酶的数量增加，酶的数量增加了，植物就会生长得更好。具体的表现是，通过海洋活性物质的激发，推动种子发芽及细胞分裂和生长，提高叶绿素含量，增强光合作用，并能使植物免疫力加强及防止病毒侵袭。

开发利用海洋资源，为农作物增产，提供新手段，开辟新途径，被列为国家863攻关项目，中国科学院海洋研究所承担了这一研究课题。经过科研人员不懈努力，如今我国已成功掌握了提取海洋活性物质氨基多糖的方法，并对它进行深入分析，制成了可应用农业的“农乐一号”制剂。

水稻种子吸收海洋活性物质，经过320小时的浸泡，幼苗生长发育明显要比一般种子旺盛。这种幼苗，通过种植，其根系也更发达。

海洋活性物质可以应用于粮食作物、蔬菜、果树等多种植物。近两年在我国山东、贵州等地，经过大面积实验表明，小麦、水稻、玉米一般增产幅度在10%左右，部分农作物增产可达到30%。

海洋生物污损与海水腐蚀

海洋中生活着牡蛎、藤壶等多种附着生物，当轮船在海中航行时，这些附着生物的幼虫或孢子便吸附在轮船底部，建起自己永久的家，有时一条船上的吸附生物可达10厘米厚，给行船带来了不便。同时吸附生物还会分泌出一种酸性物质腐蚀船底，如果是木船的话，它们还会在木板中蛀满孔洞，这就是海洋生物污损。

为防止海洋生物污损，100年前人们就开始使用氧化亚铜船舶涂料，虽然涂料中的毒素杀死了大量船底附着生物，可是海洋的污染却加重了，一些科学家在鲸、海豚、北极熊等动物体内发现了三丁基烯等化学成分，这些正是涂料中使用最多的有毒物质。

为保护海洋环境，科学家们进行深入研究，他们发现海洋附着生物喜欢酸碱度（pH值）为7.8左右的海水，于是科学家们研制了由丙烯酸物质和硅酸盐构成的涂料，这种涂料可以在船底形成一层pH值为10以上的偏碱性海水，遇到这种海水，海洋附着生物就会避而远之。

另外一种破坏来自海水腐蚀，进行海洋建设与开发离不开使用金属材料，但这些材料长期处于海水中，会发生生锈、蚀孔、断裂等现象，形成巨大危害。据1970年到1981年统计，约有8%的海洋平台出现过事故，其中大多数是因腐蚀造成的。我国1999年最新统计，腐蚀所造成的经济损失高达2 800亿元，大致为国民生产总值的4%，其中海洋腐蚀损失占1/3。因此，海洋腐蚀与防护已成为科学家研究的重要课题。

科学家们发现海水是一种含有多种盐类、近中性的电解质溶液，并溶有一定量的氧，这就决定了大多数金属在海水中遭受腐蚀的电化学特征。为此，科学家提出了电化学阴极保护技术，他们把铁板和锌板同时放入海水中，用一根导线连接，锌就会失去电子被腐蚀，铁得到电子获得保护，在船舶平台上加装类似锌板等活性较强的金属，保护体就能得到有效的保护。除了阴极保护法，海洋腐蚀控制还有热喷涂层法、添加缓时剂法。但阴极保护法投资小，见效快，保护周期长，在船舶、采油平台、港口设施等都可以广泛运用。

蓝色药库

提起珍珠，大家马上会想到美丽的装饰品。我们的祖先很早就认识到海水珍珠具有美容和药用价值，有镇静安神、清肝明目、解毒生津的功效，今天在高科技手段的支持下，人们对海洋生物的药用价值有了更深刻的认识，得到了更好的利用。

说起海带，我们大家并不陌生，它是海藻的一种，我国海带资源丰富，养殖技术先进，年产量居世界第一。我国的海洋科学家们经过多年研究成功地从海带中提取出褐藻、多糖硫酸酯，并制成海洋西药，主要用来治疗肾病综合征和中早期慢性肾衰竭疾病，我国科学家在国际上还率先展开了海带基因工程方面的研究工作。目前，我们成功地把乙肝疫苗基因导入海带，口服海带，可以达到免疫乙肝的目的。我们希望通过这项研究，使海带从一种低价值的食品和工业原料变成一种高价值的药物。

鲨鱼是一种软骨鱼类，因其凶残而有海中霸王之称。科学家们从鲨鱼的软骨中提取出一种抑制因子，它能阻止肿瘤周围毛细血管生成，从而达到抑制肿瘤生长的作用。在深海环境中栖息的巨型鲨，它的肝脏中还有一种叫角鲨烯的生化物质，用它做成的药物除了治疗癌症以外，对肝炎、心脏病、高血压等疾病也有显著的临床效果。科学家们在研究中发现，海洋药物之所以对人类许多种疾病具有明显的疗效，主要是因为海洋生物物种之间的生态作用远比陆生生物复杂和广泛，许多海洋化合物的生物活性远比陆生生物活性强。

海洋生物的生存环境是很特殊的，它的生活方式是特殊的，很多海洋生物是实行固有形态的生活，它在生活过程中间，为了适应生存竞争，必然产生一些特殊的化学防御机制，产生一些活性物质，这样它们就能够在特殊的海洋环境里生存。

到目前为止，科学家已经在海洋生物中发现了上千种具有重要生理功能及药理活性的化合物。在我国，近海也已发现具有药用价值的生物七百多种。随着科学技术的进一步发展，海洋这个巨大的药物资源宝库将会对人类健康作出更大的贡献。

珊瑚不能毁

形态各异、美丽多姿的珊瑚，有人说它是石头，也有人说它是植物。其实，它是动物，是由珊瑚虫的骨骼形成的。珊瑚虫只有1厘米大小，数以万计的珊瑚虫聚集在一起叫珊瑚，珊瑚虫分泌出来的碳酸钙形成了珊瑚的骨骼。老一辈的珊瑚虫死去了，新一辈的珊瑚虫又在它们躯体上诞生了。就这样代代相传，形成了巨大的珊瑚礁和珊瑚岛。

科学家们对珊瑚生长作了仔细的研究，发现珊瑚礁平均每年只增长2厘米左右。所以，一座座珊瑚礁的构成不是百年、千年能完成的，最年轻的珊瑚构成也需要几千年的时间，珊瑚如此缓慢的生长速度，也在提醒着人类，不要轻易地去毁坏它。

珊瑚礁能够对海岸形成很好的生态保护作用，一个是保护海岸，还有一个就是保护生物的多样性。在水下我们可以看到，各种生物都在珊瑚的孔隙里面，珊瑚成为保护所，而且在里面还能找到很多食物，形成一个水下大家庭。

全世界的珊瑚礁面积有60万平方千米，约占世界海洋面积的0.2%，但它却是海洋中的肥美之地，是众多海洋生物的觅食、繁衍场所，几乎所有门类的海洋生物在珊瑚礁的生态系统中都有代表，仅生长在此地的鱼类就占了海洋鱼类的25%左右，保护珊瑚礁就是保护了海洋的基本生态系统。然而，在这众多门类的生物中，也有珊瑚的天敌：鹰嘴鱼可以连同珊瑚的骨骼一起吞噬；长极海星一昼夜可以吞掉2平方米的珊瑚虫。但梯形蟹、法螺又是长极海星的克星，维持法螺的数量也是保护珊瑚的主要因素。

潮汐、波浪在永无休止地运动着，它的每一次光临都在冲刷着海岸的岩石，使其逐渐变小。而珊瑚却随着珊瑚虫的不断诞生持续分泌着碳酸钙，形成逐渐增长的珊瑚礁，削弱风浪的作用，保护着海岸与海岛，但人类大面积无限制的开采给珊瑚礁带来了毁灭性的灾难，造成了岸堤被毁、海岸线后退的现象。

珊瑚对海水温度的要求很高，一般在25 ~ 30℃，它才会大量繁殖，若火山爆发、厄尔尼诺现象发生，珊瑚就会大量死亡。

珊瑚需要充足的阳光，因为与藻礁珊瑚共生的虫蟥藻必须有充足的阳光才能进行光合作用。由于泥沙增多、过度养殖以及石油污染等因素，降低了海水的透明度，珊瑚就难以生存。

目前，我国已建立了三亚珊瑚礁自然保护区。同世界上许多国家一样，禁止采挖珊瑚。为了给珊瑚生长创造条件，巴拿马科学家曾在垂死的珊瑚礁上移殖了6.3万颗珊瑚。澳大利亚曾把混凝土构件放置于珊瑚的生长环境中，以作为珊瑚虫的附着床，使珊瑚附着繁衍，现已获得成功。人类还在不断探索保护珊瑚的方法，但最重要的是不能毁坏珊瑚。

珊瑚礁与骨骼

海洋深处的珊瑚礁是生物所能创造的最大的构造之一。有人把珊瑚礁称为海洋沙漠中的“绿洲”。无数的生物种群靠着珊瑚礁的依托长年栖息在这里。

坚硬的珊瑚礁是由二氧化碳在海水的分解下形成的石灰石,而二氧化碳是导致全球气候变暖的重要因素。珊瑚礁吸收了大量的二氧化碳,在一定程度上减轻了温室效应。然而,日益严重的海水污染使得珊瑚的生长面临着巨大的威胁。

德国科学家研究了珊瑚礁的形成后,采用保护生态的方法,人工合成珊瑚礁。这是一种电解技术,是用螺丝在地上固定好一个电线回路作为电极,将它浸入海水中,利用太阳能或风能发电产生微弱电流,几厘米厚的石灰石就会沉积在这个电路装置上。

在电解过程中,大量的二氧化碳化合在石灰石上,水泥也因此生产出来。

人造珊瑚礁在这个电线回路上旺盛地生长了5年。作为珊瑚的保护层,人造珊瑚礁具有很强的稳定性。为大量的寄生生物遮风挡雨,还在一定程度上有效地阻止了海平面的持续上升。

珊瑚礁不但能平衡自然环境,而且还能为人们解除病痛。早在20世纪70年代,法国的物理学家帕塔特博士发现,珊瑚与骨骼有许多相似之处。珊瑚礁的成分是氧化钙,骨骼中含有磷酸钙。珊瑚礁与骨骼上都有大小规律相近的小孔,关节的数目也大致相同。就连基本的断裂强度和钙、镁、氟化物的含量两者都相差无几。

这个发现说明了骨骼与珊瑚除了一些细微的区别

珊瑚礁

是石珊瑚目的动物形成的一种结构。这个结构可以大到影响其周围环境的物理和生态条件。在深海和浅海中均有珊瑚礁存在。它们是成千上万的由碳酸钙组成的珊瑚虫的骨骼在数百年至数千年的生长过程中形成的。珊瑚礁为许多动植物提供了生活环境,其中包括蠕虫、软体动物、海绵、棘皮动物和甲壳动物。此外,珊瑚礁还是大洋带的鱼类的幼鱼生长地。

外,结构也极其相似。在法国,珊瑚首次代替骨骼被植入人体内。卡依莱民博士:“我们没想到置入人体的珊瑚礁很快就被吸收了,并且转化为骨骼。这简直是个巨大的发现,因为以前用合成材料作为骨骼的替代物,对人来说简直是一种折磨。现在不同了,珊瑚礁完全能与破碎的骨骼融合在一起,就好像新长出来的一样。”

珊瑚成为人体骨骼的替代物已有7年的历史了。在确保珊瑚礁可以再生恢复的前提下,采集医用珊瑚并不会对珊瑚群造成威胁。每年,人们可以从印度洋、太平洋里采集2吨多的珊瑚礁,供给海洋生物学家从中挑选出最合适的部分。接着是进行化学分析,经过杀菌、消毒、碾磨、挫平等工序后,珊瑚礁被切割成患者所需要的大小。

有的外科医生甚至将珊瑚制成连接骨骼的粘胶。患者的外胫骨在一次事故中造成粉碎性骨折,我们可以清晰地看到骨折后的状况。医生将骨折部位固定好,把打磨好的珊瑚插入骨折的地方。1年零3个月后,骨折的部位全部愈合。珊瑚填充物完全转化成人体的骨骼。

目前,已经有10万名患者接受了珊瑚礁的移植治疗,至今还没有任何一例排斥反应。

珊瑚取代了合成材料,在整形手术和神经治疗中的用途将越来越广泛。

保护中华鲟

中华鲟是我国长江的特有物种，是国家一级保护水生野生动物。中华鲟是一种大型鱼类，体长4米左右，重量可达五百多千克，它身体外部特征和其他鱼有明显不同，像一个长长的梭子，呈圆筒形。最明显的是，躯干部镶有5行骨板——背骨板、侧骨板和腹骨板，呈纵向排列。

从中华鲟化石的地史记录上看，它是距今约1.4亿年前白垩纪古棘鱼类的一支后裔。中华鲟是一种海－河洄游性鱼类，平常生活在海洋中。每年春夏之交，它从海洋进入长江口，上溯三千多千米，于秋季到长江上游的金沙江进行产卵繁殖。繁殖后的中华鲟和初生幼鲟再顺江而下，回到长江口近海繁育生长。

中华鲟的产卵场都是选在底质为岩石或卵石、水流湍急而含沙量少的江段上。中华鲟的产卵量较低，但卵的死亡率却非常高。

中华鲟的食性非常狭窄，属肉食性鱼类。主要以一些小型的或行动迟缓的底栖动物为食。它的视力非常差，只能靠四根触须去感觉食物，这一相对被动的取食方式，制约了它的生存空间。

由于兴修水利，特别是葛洲坝截流以后，阻隔了中华鲟生殖洄游通道，中华鲟只好放弃产卵，回到大海里生活。加上长江水质环境的破坏和人们的滥捕，以及天敌吞食中华鲟鱼卵，致使中华鲟种群数量急剧下降，濒于灭绝。

我国的科技人员发现，建立一个有效的中华鲟人工养殖的种群，是恢复中华鲟野外种群的关键。1982年，葛洲坝集团公司中华鲟研究所正式建立，这是长江上第一

“

中华鲟

是一种大型的溯河洄游性鱼类，是我国特有的古老珍稀鱼类，也是世界现存鱼类中最原始的种类之一。远在公元前一千多年的周代，就把中华鲟称为王鲔鱼。中华鲟属硬骨鱼类鲟形目。鲟类最早出现于距今2.3亿年前的早三叠世，一直延续至今，生活于我国长江流域，别处未见，真可谓“活化石”。

个从事中华鲟人工放流的专业机构。科技人员每年在中华鲟的繁殖季节在葛洲坝下捕捞数尾亲鱼，进行人工催情、授精、孵化出鱼苗后，经过精心培育，然后将它们放流到长江。

现在，科技人员可以成功地对中华鲟采用人工合成催产，改变以往大量捕杀中华鲟采集脑垂体用于催产的方法，有效地保护了中华鲟资源。目前，中华鲟研究所已经建成了初具规模的中华鲟鱼苗孵化基地。为探索中华鲟人工繁殖和放流的成功之路，科技人员不断积累经验，发现放流体长不足10厘米的幼鱼苗后，大部分成为天敌的饵料，成活率极低。要解决这个问题，只有最大限度放10厘米以上的鱼苗，并且增大投放数量，才有可能提高它们的成活率。截至2000年，中华鲟研究所已累计向长江中放流中华鲟鱼苗四百四十余万尾。

科技人员对放流的鱼苗采用了微型数码标志法、基因标志法和可用肉眼观测的体外银质标志牌法，以便将来可以科学地鉴定区分人工放流鱼苗和自然繁殖鱼。现在，已经发现了人工放流的中华鲟的个体。

目前科技人员又在进行人工蓄养亲鲟促进性腺发育成熟的试验，这将为中华鲟的全人工繁殖奠定良好的基础。

红树林湿地

红树林不是红颜色的树，它是生长在热带、亚热带海滩上的常绿木本植物群落。因为这些树种属于植物学上的红树科，故称为红树林。

走进红树林，这里枝蔓纵横，藤萝交错，仿佛走进一个神秘的世界。在漫长的植物进化中，红树林形成了很高的细胞渗透压，它能从海水中吸收生理上需要的水分。很早以来它一直引起科学界的关注。

红树林属于海岸滩涂重要湿地。红树林主要出现在隐蔽的海岸河口、港湾和泻湖的潮间带上。

我国的红树林主要分布在广东、广西、福建、海南省沿海，香港、澳门、台湾也有分布。其中海南省琼山县的东寨港和文昌县的青澜港面积最大、发育最好。

海边潮涨潮落、风急浪高，海水又咸，这些树怎么能适应这种生存环境呢？你看看红树林神奇的根，这种根在树干下部长出若干个枝条，呈弓形插入土中，可以抵御强台风的袭击。这种像鸟笼一样的根，科学家给它起了一个形象的名字叫弓形支柱根。

看，这棵树个子不高，但它的根系特别发达，这样再大的风浪也能屹然挺立。这种根叫板状根，这就好比一个人，个子大了就必然有一双粗大的脚来支撑自己。

看，红树林下面怎么还长竹笋？这不是竹笋，这也是红树的根，不过这种根的作用不是用来抵抗风浪的，而是用来呼吸的。由于长期海水的浸泡，这里的淤泥严重缺氧，一般植物是很难立足的。在大自然的选择中，不能呼吸的树种在这里被淘汰了，而有着发达呼吸根的树种被保留下来。

红树林

陆地与海洋交界带的滩涂浅滩，指生长在热带、亚热带，受周期性潮水浸淹，以红树植物为主体的常绿灌木或乔木组成的潮滩湿地木本生物群落。组成的物种包括草本、藤本红树，是陆地向海洋过渡的特殊生态系。

这也是红树的呼吸根。红树林依靠这些呼吸根，顽强地生长着。即使被海水淹没了，里面的海绵组织贮存着空气，是维持生命的需要。红树林的呼吸根种类繁多，这倒挂的不是它的枝条，也是红树林的气生根。这千姿百态的呼吸根、气生根构成了红树林家族的生命群体。

再看看红树林的叶子。为了在风浪中减少阻力，它们的叶都不大，并且呈椭圆形。叶子表面又光又亮，这样有利于反射强光的伤害。它的叶片呈肉质，以便贮存水分。

另外，红树林还有一项奇特的功能就是它的泌盐系统。红树植物为盐生植物，它可以从海水中吸收水分。同时有的红树品种有排盐的腺体，将多余的盐分排出体外。

我国东南沿海台风盛行。每到台风季节，都给沿海居民造成巨大的经济损失。而红树林因为有强大的支柱根，具有抗风浪、固淤泥、护堤岸、保护农田的强大作用，所以凡是有红树林的地方损失都很小。而没有红树林保护的地方，损失都很惨重。所以，红树林也有“绿色卫士”的美誉。茂密的红树林耸立在海岸线上，它像一座绿色长城护卫着人类的家园。

你见过植物的胎生现象吗？中国有句老话叫“瓜熟蒂落”，可是红树的果实熟了并不落下来。这是为什么呢？这是因为幼苗的含盐量很低，若果实成熟后直接落入水中，就不会发芽生长，所以必须在母树上发芽。种子在母树的果实内不断地萌发成长，逐渐长成棒槌状的胚轴，胚轴下端粗大，顶端呈尖状。经过7 ~ 9个月的胎芽发育期，胚轴逐渐形成成熟的幼苗。这时候胎儿体内会有几乎与海水相适应的高盐分。

这棵母树该临产了。成熟的幼苗与果实一起下落坠入泥土中。胎儿掉到淤泥中几小时就能扎根，几天后就能展开一对新叶，成为红树家族中的新成员。

但也有不幸运的胎儿。你看这棵红树，母亲在临产时正好赶上涨潮，胎儿不幸掉到海水里。

不过别担心，由于胚轴组织疏松，体内会有空气，可长期在海上漂浮而不失其生命力。一旦到达海滩，便能扎根生长。

红树林腐烂的枝叶培养了大量微生物和浮游生物。这些浮游生物为底栖动物鱼类、虾类、螃蟹以及各种各样的小动物提供充足的饵料。

在红树林区底栖动物中，栖息在泥面或泥土中的无脊椎动物是各种各样的。这些底栖动物具有较高的经济价值。

在这里，红树林成为生产力较高的第一生产者。由生产者的红树林，消费者的鱼、虾、蟹及各种鸟类构成了稳定的红树林食物链关系。在红树林中停歇和栖息生活的鸟类有七十多种，常见的有白鹭、苍鹭、白鹳、鸬鹚、野鸭、红隼以及红嘴鸥、燕鸥、海鸥等。

红树林有极好的隐蔽性，所以很多鸟类都在这里筑巢生儿育女，繁衍后代。由于红树林可提供充足的食物和居住地，所以很多迁徙的候鸟都在这里停歇中转。据统计，每年大约有一百多万只鸟在红树林中休息和补充食物。红树林对迁徙的鸟类来说可算是“五星级宾馆”了，这里不仅吃得好，而且住得也舒适。

然而，令我们痛心的是，在20世纪五六十年代，人们盲目地围垦红树林，将这一海岸线绿色屏障改成农田，由于围垦的红树林盐碱严重，不但粮食没有收到，而且失去了生态平衡。

直到今天，由于经济利益的驱动，还有人将这片海岸卫士开垦成养虾池。这样做的结果，我们不但吃了祖宗的饭，连子孙的饭也给吃掉了，实在是太可惜了。

由于红树林湿地是海岸湿地中最具特色的，一直是非常重要的生态系统，所以多年来我国政府下大力气来保护这片海岸绿色植被，并先后在海南、福建、广东、广西以及香港等地建立了红树林自然保护区。其中海南省的东寨港和香港的米蒲红树林保护区，已被列入国际湿地名录。

保护红树林实际上就是保护渔业、保护农业、保护生物多样性。近些年来我国科研人员还加强了对红树林的调查和研究，对我国东南沿海红树林的保护以及合理应用都提出了全方位科学依据。让我们携起手来共同保护大自然赐给人类的宝贵财产，让我们人人都去爱护这片海岸绿色长城。

珍稀动物镇海棘螈

镇海棘螈

镇海棘螈隶属两栖纲，有尾目，蝾螈科，棘螈属。长7～8厘米，背和体侧均呈黑色，有蜡光；腹部朱红色，有不规则的黑斑，头部大，四肢细长，尾侧扁，常年在溪流边栖息。

镇海棘螈生活于海拔100～200米的丘陵地区，是地球古老的居民，早在1 500万年前就诞生了，所以也是一种名副其实的活化石。它白天很少活动，晚上出来觅食，以蚯蚓、蜗牛、小型螺类、蜈蚣等为食，每年11月下旬至第二年的4月份为冬眠期。它4月份产卵，其卵与青蛙的卵相似，色乳黄，小棘螈必须在水中生活58～88天，至四肢、脚趾发达，鳍腮蜕变，皮肤粗糙后上岩，从此永远不再入水。

两栖动物色泽鲜艳、美丽，它们的童年需要在水里度过。而成年以后，随着身体结构的变化，可以到陆地上生活。

镇海棘螈是一种两栖动物，也是国家重点保护的野生动物，到目前为止，仅在宁波市北仑区林场的瑞岩寺附近有所发现，它们生活在方圆几百米的狭窄区域内，种群数量大约只有200尾。

北仑区林场靠近大海，属于亚热带湿润季风气候，雨量充沛。镇海棘螈主要栖息在海拔150米左右的丘陵山区。以阔叶树种为主的林区边缘地带，植被茂密，上空有高大乔木遮盖，地面阴湿，低洼处有终年积水的池塘和沟壑，独特的生态环境孕育了独特而又古老的小动物。

一般来说，一个物种的形成需要1万～2万年的时间，而镇海棘螈是在1 500万年前诞生的。可以说，它是一种活的动物化石。

为了免遭天敌伤害，镇海棘螈一般晚上出来活动。夜幕降临后，尤其是刚刚下过小雨或雷阵雨，地面十分潮湿，这种小动物开始蠢蠢欲动。

至于白天，镇海棘螈极少外出活动，一般隐藏在石块下，翻开石块就可见到，多数静伏不动，易于捕捉。然而，当受到不良刺激时，它会两眼紧闭，四肢向上翻转，显露出身体上醒目的橘黄色斑块。同时，身体两侧锋利的棘刺会从皮肤里伸出来，这是两栖动物中十分罕见的防御行为。

镇海棘螈皮肤粗糙，浑身长满大大小小的疙瘩。这些疙瘩看似平常，其实它们是腺体。主要作用是湿润皮肤,再就是分泌性激素,吸引异性。

每年4月份,是镇海棘螈的繁殖季节,冬眠复苏后的镇海棘螈开始繁殖。产卵场所一般选择在静止的小水坑旁,水域周围地面潮湿,植被茂盛,由于卵群是产在厚厚的树叶里,这就需要水域上空必须有落叶乔木。

受精卵在陆地上孵化。大约20天以后,胚胎从胶膜内孵出。刚刚出世的小棘螈像鱼儿一样用鳃呼吸,吃藻类、腐烂植物和小型水生动物。渐渐地,它们长大了,外鳃消失,改用肺呼吸,开始陆地生活。

镇海棘螈自然繁殖率低。为了拯救这一国家重点保护野生动物,从1997年开始,中科院成都生物所的科学家们建立了人工繁殖基地,模拟这种珍稀动物的自然生态环境,研究它的异地保护。不仅如此,他们还利用先进的分子生物学技术研究镇海棘螈的遗传物质DNA。

人们希望通过DNA的研究,找出该物种在遗传多样性方面的相关证据,同时,通过DNA的序列分析,希望重建该物种与近缘种之间分化的相关的历史过程。

镇海棘螈濒危的因素很多,但栖息环境遭到破坏是主要原因。镇海棘螈分布在我国东部临海人类经济活动频繁地区。长期以来,由于人类修建房屋、毁林开荒种植等生产活动破坏了棘螈赖以生存的环境,致使这种小动物的繁衍生息地越来越狭窄。

为了不使这种珍稀动物灭绝,人类应该注重保护生态环境,做到与大自然的和谐相处。

警惕生物入侵

生物入侵

生物入侵物种包括——入侵微生物：主要是指对农作物、林木及经济鱼虾类带来危害的病原微生物，未包括人类和家畜疾病。

入侵植物：主要是指在农业、林业、湿地、草原、淡水、海洋等不同生态系统中带来危害与威胁的有害植物，如草本、藤本、灌木、藻类等植物及部分有明显危害性的乔木。

入侵动物：主要是指对农林牧渔业生产带来危害的有害昆虫、螨、鱼、两栖爬行类等。

不久前在全国开展的封杀食人鲳事件，曾一度引起了社会各界的关注。封杀这种不起眼的小鱼，不仅仅是因为它可能伤害人类，更因为它可能吃掉它能遇到的所有动物，成为称霸我国水域的生物入侵者。

生物入侵，就像是没有硝烟的战争，在我们身边悄无声息、却又十分残酷地进行着。失去了原产地天敌制衡的外来生物，生长迅速，疯狂繁殖。在我国广东，原产南美洲的微甘菊凭借着它每平方米40万颗种子的超强繁殖能力，以一分钟一英里的速度挺进消灭土著生物；而同为“外来生物移民”的紫茎泽兰则翻山越岭，在四川和云南耀武扬威地建立起独立王国。

脱离原产地天敌制约而造成的生物入侵，不仅在中国，而且在世界许多国家蔓延。从历史上看，微甘菊和紫茎泽兰等植物确实是借助了风、海浪等大自然的力量，从空中或海上跋涉而至；而疯牛病病毒和美国白蛾等生物，则是趁人们的贸易、运输和旅游等活动搭便车入境的。

但有些生物，则是凭借自己的一技之长受到人们热烈的邀请而被当做客人迎进国门的。比如大米草具有保护海岸滩涂的功能，水葫芦作为很好的观赏植物起初备受欢迎。可惜事与愿违，它们并不像人们想象的那么谦恭尽责，这些贵客落座后很快反客为主，疯狂繁殖，挤垮当地物种，魔鬼般阴险地掐断生物链。于是人们开始考虑问题所在。

历经亿万年的演变，地球上任何一个相对封闭的空间都有自己的生态系统。在任何一个生态系统内，任何生物都有自己的天敌。细菌如此，植物如此，动物也是如此。比如，在水葫芦的原产地，象甲虫就专爱吃水葫芦的叶子；在亚马孙，就有更大的食肉鱼专门捕杀食人鱼。天敌的存在，使水葫芦、食人鲳等生物物种进化出更强的生存能力和繁殖能力，同时也将它们的数量限制在一定值内。所以那些今天被人们视为心腹大患的外来入侵生物，在原产地其实都是温顺的良民，它们曾经无心也无力与整个生态系统为敌。但最初，人们并没有认识到这些问题。

出于对成活率的考虑，人们曾经在引进优良品种时，总是偏爱那些生命力和繁殖力强的外来物种；出于同样的原因，人们也总是坚决拒绝同时引进它的天敌，其实人们在不知不觉中解除了自然对物种实施的必要控制。人们为它们的落地生根还曾经如此殚精竭虑、不遗余力……于是当发现大错铸成时，则不免痛心疾首、追悔莫及。外来生物一旦入侵成功，即使是全民皆兵的"人海战术"或是打高科技的"化学战"、生物战，都无法阻止它对当地生态进行的毁灭性破坏。

物竞天择，适者生存。自达尔文提出生物进化论之后，人们开始逐渐认识到：自然界维持生态的平衡，靠的是一条奇妙的生物链。如果不幸失去了中间的任何一环，都将给当今脆弱的生态环境带来巨大的灾难。而目前人类研究的物种不到地球上的20%，依据这样不完全的认识水平，人类每一次引入新的外来物种，无疑是在冒极大的风险。

生物入侵，被看做是"生态系统的癌症"，许多国家正在用各种办法防止它的发生与蔓延，我国也加入到了这个保护生态的行列中。因为对入侵生物，如果掉以轻心，未来钢筋水泥的丛林中居住的必将是孤独的人类和几种称王称霸的入侵生物。

另眼看害虫

在大自然母亲慈爱的怀抱中，即使是一个看起来微不足道的细小生命，甚至是令人类厌烦的物种，都有其存在的合理性和生存的价值。比如人见人厌的苍蝇，虽然跻身于四害的黑名单上而令人喊打，但作为一个物种而言，苍蝇对人类也有独特的贡献。澳大利亚的科学家发现，苍蝇之所以能在细菌密布的环境中生存，就在于它有异乎寻常的抗菌能力，而且自身能够产生抗生素。正在进行的这项实验，就是对苍蝇体内的化合物进行分类，然后确定它们的成分，为开发高效的抗生素提供新的思路，这对于人类战胜已经产生抗药性的病毒和细菌至关重要。

科学家们致力于发现害虫的另一面，并不是要为这些让人讨厌的家伙们鸣不平，而是希望通过研究，来制止它们为害人类。

长久以来，人们一直认为白蚁是在自身感觉器官的帮助下，才得以在木头中安身立命，并不断扩张疆域。但美国的昆虫学家经过24年的观察后发现，白蚁那看似无规则的向外扩张，实质上是大有规律可循的。白蚁群的行动轨迹，其实是在不断地重复一种类似植物根系生长的数学模式，具有很强的方向性。

而这种具有很强方向性的活动模式，在自然界的动物中也普遍存在，它们的这些行为，为新兴的混沌学提供了丰富的研究素材。

动物灭绝

近几个世纪以来，全世界灭绝的野生动植物种类数以千计，其中自16世纪以来灭绝的鸟类约150种，兽类约95种，两栖爬行类约80种；世界自然保护联盟统计的数字表明：现在，5% ~ 20%的脊椎动物和树木物种面临灭绝的威胁，而且物种灭绝的速度正以百倍的速度增长。

在过去的400年中，全世界共灭绝哺乳动物58种，大约每7年就灭绝一个种，这个速度较正常化石记录高7 ~ 70倍；在20世纪的100年中，全世界共灭绝哺乳动物23种，大约每4 年灭绝一个种，这个速度较正常化石记录高13 ~ 135倍……

灭顶之灾

据生物学家们估计，目前地球上有生物500万 ~ 5 000万种之多，但被人类记录在册的仅有140万种。虽然大自然中物种与生命的更替都遵循着物竞天择的规律而优胜劣汰，但是自从人类文明进入工业社会以来，世界动物灭绝的速度却比从前自然消亡的速度提高了1 000倍。

被誉为海洋之狼的逆戟鲸，是海洋中最凶猛的动物，拥有强大的捕食能力，但同样无法摆脱濒临灭绝的悲惨命运。海洋生物学家指出，鲸处于海洋食物链的顶端，在自然界中没有天敌，是人类活动造成的海洋环境污染将它们推向灭绝的边缘。最近5年，太平洋北部地区的逆戟鲸数量急剧下降，近一半的幼鲸出生几个月后就面临夭折。目前，海中霸王逆戟鲸也不幸地进入了濒临灭绝物种的名单当中。

生活在美国加州海域的白鲍和逆戟鲸有着同样的遭遇。尽管白鲍已经在这里生活了1.1亿年，但是自从50年前被人类发现并认识的同时，它们也成了人们餐桌上的美味。经过科学家的估算，在美国的加利福尼亚海域，有90%的白鲍葬身人腹，而侥幸逃脱的1 600只，也零星分布在海底的各个角落。它们的繁殖率很低，如果不进行人工繁育，再过7年，白鲍将永远地从地球上消失。然而，用人工繁育的方法来挽救濒临灭绝物种，却远远赶不上物种每天消失的速度。

在北京大兴区的麋鹿苑中，有一块为灭绝动物修建的墓地，每个墓碑上都刻着已灭绝动物物种的名字。这片奇特的墓地无声地提醒我们：物种灭绝的连锁反应，就如同推倒的多米诺骨牌。一个物种灭绝，将给生物链中的其他物种带来灭顶之灾。作为高等动物的人同样是地球生物链中的一环，如果我们恣意妄为、涂炭生灵，最终恐怕也难以逃脱大自然的无情惩罚。

“

科学家认为，在过去的2亿年中，平均大约每100年有90种脊椎动物灭绝，平均每27年有一个高等植物灭绝。在此背景下，人类的干扰使鸟类和哺乳类动物灭绝的速度提高了100 ~ 1 000倍。1 600年以来，有记录的高等动物和植物已灭绝724种。而绝大多数物种在人类不知道以前就已经灭绝了。经粗略测算，400年间，生物生活的环境面积缩小了90%，物种减少了一半，其中由于热带雨林被砍伐对物种损失的影响更为突出。估计从1990 ~ 2020年，由于砍伐热带森林引起的物种灭绝将使世界上的物种减少5% ~ 15%，即每天减少50 ~ 150种。

黄山松

一阵风，一只鸟儿，就可以托举它在梦境中飞翔；一滴雨，一缕光，就能用温情的爱抚唤醒它成长。黄山松的生命是个奇迹，它餐风饮露却甘之如饴，有如大山的精灵，千百年来守护着黄山。

黄山松

是由黄山独特地貌、气候而形成的中国松树的一种变体。黄山松一般生长在海拔800米以上的地方，通常是黄山北坡在1 500 ~ 1 700米处，南坡在1 000 ~ 1 600米处。黄山松的千姿百态和黄山自然环境有着很大的关系。黄山松的种子能够被风送到花岗岩的裂缝中去，以无坚不摧、有缝即入的钻劲，在那里发芽、生根、成长。黄山泥土稀少，但花岗岩中肉红色的长石中含有钾，夏天雷雨后空气中的氮气变成氮盐，可以被岩层和泥土吸收，进而为松树的根系吸收。

大山的精灵

绝壁上的黄山松，看似形单影只，其实由于命中注定要攀登危崖，所以它们早就与伴侣合为一体，血脉相连。黄山松雌雄同株，借助风力授粉，阵阵轻风都在为它们传送爱的信息。

精灵都有一双飞扬的翅膀。专家说，黄山松的每粒种子都长着一对“翅膀”，借助大风，散布四方。它们随风飘散，飞子成林。

观察发现，当山上气温达到10℃以上时，落在岩石缝中的黄山松种子，就开始萌动发芽。根尖自由伸展，螺旋式向前推进。遇到巨石就绕道而行，绕不出去就一股劲地往石缝里扎。实在扎不进去时，根尖处就分泌多种有机酸，将岩石慢慢溶解；同时，根部呼吸时放出二氧化碳，遇水产生碳酸，黄山松就利用碳酸与有机酸合力进行“攻坚战”，将石头一点点风化。一手拿着微型钻头，一手拿着化学药剂，谁能想到，黄山的精灵竟有这样的秘密武器。看看这株破石松，虽然毫不起眼，却无声无息地将整块岩石破成两块，根尖的力量远远地胜过大力士刀砍斧劈的威力。

在悬崖峭壁之上，水源奇缺，黄山松如何生长呢？它的根系长得盘根错节，密如蛛网，把企图溜走的雨水拦住；因雨水难留，为寻找水源，根部就努力挖掘，以潜入岩体深处有水的断层。研究人员发现，为了生存，黄山松根系的长度与范围，甚至超过树高与树冠的2 ~ 3倍。据测定，一棵大松树的根能穿透岩石覆盖一百多平方米的面积。

除了天然雨水渗进岩缝可供根部吸收外，树冠上密布的松针，也能饱吸"云海"中的水汽，帮助"解渴"；若遇到干旱季节，或烈日当空，松针上"小嘴"一般的无数气孔将闭合，以减少水分蒸发。

黄山松的确在餐风饮露。空气中的氮气以及地上枯枝落叶腐烂后生成的氮气，都是它喜爱的天然美味。它的根系分布深广，绒根发达，能将氮气转化成固态的氮，溶在水里就变成根的美餐。

多年来观察发现，黄山松每年能长3 ~ 5厘米。以此推算，一棵巴掌高的小树年龄就有5 ~ 8岁了；但如果它长在贫瘠的峭壁上，那么它长二十几厘米就有可能用上10年时间。黄山松不论高矮，都是浓缩的精华，不可小看。在黄山，百年以上的松树数以万计。像迎客松，号称活着的国宝，已经一千三百多岁，到了生命中的晚年时光。

"咬定青山不放松，立根本在破岩中"，黄山松的生命是勇士的生命，它们在无从生存的岩石上开拓进取，在难以扎根的绝壁处探索求生。黄山松的体内溶进了大山的血液，黄山松的性格遗传自大山。

峭壁上的舞者

这是一场永不谢幕的表演：日月星辰为它照明，浩荡云海甘当背景，悬崖绝壁为其舞台。大自然的舞蹈家凌风起舞，一舞就是千百年。

黄山松堪称峭壁上的舞者。它生在千米高的绝壁上，长在没有泥土的石头中，它们千姿百态，绝不雷同。是谁赋予黄山松如此奇特的品性？

风是天地间自由不羁的精灵，它挑衅着、追逐着、摧毁着沿途的目标。黄山8级以上的大风平均每年刮144天，最大风速达到每秒34米。"木秀于林，风必摧之"。在与狂风的较量中，黄山松难免折枝断臂，但仍旧在天地间孤傲地舞蹈着。漫长的风雨岁月为绝壁上的每位舞者塑造了绝无仅有的造型。自然环境是黄山松的"造物主"；而黄山的风，堪称黄山松的"形象设计师"。猛烈的山风挥舞一把无情的剪刀，将黄山松的树冠剪切得如同刀削斧剁一般。黄山松没有柔枝细蔓随风飘摇，狂风把它们打理成毛发根根倒竖的寸头形象。送客松就站在巨石上，虽然在大风的迫使下它只能朝着一个方向生长，然而历经千年，送客松已修炼成谦谦君子，潇洒临风。

站在悬崖上，守候千年，是谁值得它如此痴情？黄山松的生长，离不开阳光。雨多雾浓的黄山，阳光的灿烂笑脸难得一见。太阳博爱万物众生，而黄山松只爱阳光。为了沐浴爱的光辉，它站得最高；一生追求阳光，不惜变成“独臂老人”。

虽然曲高和寡，但在千米以上的山崖，黄山松也不乏知音。一些阔叶乔木，灌木、藓草类植物与其比肩攀登，堪称黄山松的绝壁挚友。在这些志趣相投的好友中，高山型的黄山杜鹃可谓红颜知己。黄山松生长于800 ~ 1 800米的山脊，黄山杜鹃开放在1 300 ~ 1 400米的高处；它们一个乔木，一个灌木；一个喜光一个耐阴，于是，它们在大自然的巧妙安排下有了美丽的邂逅，遵循乔上灌下的规律共同生长，在苦难的岁月中相知相伴、彼此慰藉。

黄山松性格孤傲，在海拔800米以下你找不到它的身影，那里是马尾松的地盘。千万年前，当马尾松试图向千米以上的高度跃进时，由于土壤、降水、气候、紫外线强度等自然条件的改变，它们那细长柔软的松针越长越短、越长越硬，最终脱胎换骨，变成了风吹不折、雪压不断的黄山松。“橘生淮南则为橘，橘生淮北则为枳”，环境的转变，使松树的形态发生了变异。这是生命的奥秘，也是大自然不可抗拒的“魔力”。

自古贫寒多豪杰，历尽重重磨难，黄山松身上留下岁月无情的刻痕，但在千米危岩之上，却赢得了造化的尊重。即便来日风狂雨骤，伴着杜鹃、飞瀑，黄山松仍旧笑对苦难，且歌且舞，诗意地生存。

人类与生态的完美结合

——云南哀牢山哈尼族梯田

这是一个民族用生命与汗水创造出来的生态奇观；

这是一个民族用最简单的生产工具开凿出来的伟大工程；

这是一个民族在绵延起伏的大山上精心雕刻出来的一件件艺术品。

云南省东南部的红河南岸有一座哀牢山，哀牢山在中国的版图上并不是一座名山，但哀牢山上哈尼人开凿出来的层层梯田，却引起国内外生态学家和艺术家的极大关注。生态学家赞叹：这是世界上最壮观的人工湿地；艺术家咏叹：这是世界上最精美的艺术品；民族学家感叹：这是一个民族勤劳与智慧的结晶。

崇拜自然、爱护环境是哈尼人的传统美德。哈尼族源于甘肃、青海、四川、西藏结合部的高原古羌群。在隋唐之际哈尼族的先民们不断南迁，最后他们在红河岸边的哀牢山上停住了脚步。面对这高山深谷，哈尼人没有退却，他们放下羊鞭，由一个牧羊群体变成一个播种和收获的民族。

哀牢山山高岭峻，“地无三尺平”，而哈尼族的先民们不知疲倦，用最简单的生产工具，以惊人的毅力，开凿出造福子孙后代的生态工程。一千多年以来，几十代哈尼人把自己的全部包括生命都缠绕在梯田中。这层层梯田是一种精神，是一种力量，是一座座无字的丰碑 。细心的朋友一定会问：哀牢山一千多万亩梯田“水”是哪来的呢？让我们听听这位哈尼歌手是怎么唱的。

这位歌手唱道：安寨子最要紧的是寨神林，它是寨子

哈尼梯田

位于云南省元阳县的哀牢山南部，是哈尼族人世世代代留下的杰作。元阳哈尼族开垦的梯田随山势地形变化，因地制宜。坡缓地大则开垦大田，坡陡地小则开垦小田，甚至沟边坎下石隙也开田，因而梯田大者有数亩，小者仅有簸箕大，往往一坡就有成千上万亩。哈尼梯田规模宏大，气势磅礴，绵延整个红河南岸的红河、元阳、绿春及金平等县，仅元阳县境内就有17万亩梯田，是红河哈尼梯田的核心区。

神圣的母亲，在它的庇护下，哈尼人的村寨才会人丁兴旺。

哈尼人崇拜森林，爱护森林，每个人对森林都有着一片亲情。每年的二月，哈尼人都要举行盛大的仪式来祭奠森林，因为他们很早就知道森林是人类最初赖以生存的摇篮。

森林能涵养水分，森林是绿色水库，只有有了森林，才有取之不尽、用之不竭的水源。哈尼人的原始生态观，使这里大片原始森林生机盎然。

“水”是农业的命脉，哈尼人用他们的聪明和智慧将这些从森林流出来的水充分利用，首先解决农业命脉这一根本问题。

山有多高，水有多高，这些从高山原始森林流出来的清泉像甘甜的乳汁滋润着哈尼人的梯田。

那么，哈尼人是怎样把水引到这高山梯田的呢？

千百年来，哈尼人用血汗和生命代价开凿出来的梯田，今天正在申报世界“文化与自然”双重遗产。这份厚重的遗产，是几十代哈尼人以惊天地、泣鬼神的精神开创出来的伟大的工程，哈尼梯田仿佛是一道道天梯伸向空中，这是真正人类与自然合作的奇观。

哀牢山上的层层梯田都由森林来养育。在哀牢山每个哈尼族村寨上面都有大片的原始森林，这是神圣不可侵犯的。

在森林的下面，哈尼人建成一条条水渠将森林里流出来的水拦腰截住，据说，像这样的水渠在哀牢山有5 000条之多。

森林庞大的根系有过滤的功能，所以从森林里流出来的水是纯净透明的。这些清泉像人体的血液顺着好似人体动脉血管般的水渠，将水源源不断地输送到层层梯田。

水，从最高的梯田一层层往下流淌，将所有的梯田都灌满水。最后，梯田里的水倾泻到江河。

因为哀牢山处于低纬度，常年的高温使江河之水大量蒸发升空，水蒸气在山区形成云雾，遇到冷空气又产生降雨。在哀牢山，由森林、村寨、梯田、江河形成了四度同构的良性生态系统。

哈尼人很早就懂得人与自然的平衡关系。让我们听听这位哈尼学者是怎么说的：

这位学者讲道，哈尼祖先留下安寨开田的古规，寨子大小、人口多少，要由能够开垦梯田的多少来决定，人多了超出梯田的承受能量，就要建立新寨，这样人和土地就和谐了。

就这样哈尼人每个村寨人口都不会过量,始终保持着人与自然的和谐统一。

梯田中间有一个个小房子,哈尼人亲切地称它们为"田棚"。每当春耕和秋收季节,为了省时省力,哈尼人就住在这简易的棚子里。别看它外形土气,但里面功能齐全,非常实用。

哈尼人每天都将鸭子背到田里放养,因为梯田里有很多供鸭子吃的生物,这里每一块梯田都是一个生态园。

哈尼人在开垦梯田方面有极强的想象力,这层层叠叠的梯田仿佛就是一首大地的交响曲。

夕阳下的梯田更是醉人,它仿佛是一颗颗宝石镶嵌在大地,又好似金色的碎片缀满山体,形容它流光溢彩毫不为过。

哈尼梯田是人类与生态结合最完美的作品,哈尼梯田是人与自然最和谐的音符。